跟着电网企业劳模学 系列培训教材

变电运维
基本技能

国网浙江省电力有限公司　组编

中国电力出版社
CHINA ELECTRIC POWER PRESS

内 容 提 要

为指导一线人员学习业务知识，提升变电运维人员的综合能力，保障电网安全运行，本书侧重于变电运维基础技能，注重生产实际知识、现场操作技能、现场安全管理的介绍。本书共分为八章，主要包括概述、变电运维安全职责与基本技能、设备巡视、倒闸操作、工作票流程、防误管理、二次设备常用技能和辅助设施等内容。

本书可供变电运维、变电运检等一线作业人员学习参考。

图书在版编目（CIP）数据

变电运维基本技能 / 国网浙江省电力有限公司组编 . —北京：中国电力出版社，2022.4
跟着电网企业劳模学系列培训教材
ISBN 978-7-5198-6570-2

Ⅰ . ①变… Ⅱ . ①国… Ⅲ . ①变电所—电力系统运行—技术培训—教材 Ⅳ . ① TM63

中国版本图书馆 CIP 数据核字（2022）第 036355 号

出版发行：中国电力出版社
地　　址：北京市东城区北京站西街 19 号（邮政编码 100005）
网　　址：http://www.cepp.sgcc.com.cn
责任编辑：刘丽平　张冉昕
责任校对：黄　蓓　郝军燕
装帧设计：赵姗姗
责任印制：石　雷

印　　刷：三河市万龙印装有限公司
版　　次：2022 年 4 月第一版
印　　次：2022 年 4 月第一次印刷
开　　本：710 毫米 ×1000 毫米　16 开本
印　　张：10.25
字　　数：142 千字
印　　数：0001—1000 册
定　　价：48.00 元

丛书序

　　国网浙江省电力有限公司在国家电网有限公司领导下，以努力超越、追求卓越的企业精神，在建设具有卓越竞争力的世界一流能源互联网企业的征途上砥砺前行。建设一支爱岗敬业、精益专注、创新奉献的员工队伍是实现企业发展目标、践行"人民电业为人民"企业宗旨的必然要求和有力支撑。

　　国网浙江省电力有限公司为充分发挥公司系统各级劳模在培训方面的示范引领作用，基于劳模工作室和劳模创新团队，设立劳模培训工作站，对全公司的优秀青年骨干进行培训。通过严格管理和不断创新发展，劳模培训取得了丰硕成果，成为国网浙江省电力有限公司培训的一块品牌。劳模工作室成为传播劳模文化、传承劳模精神，培养电力工匠的主阵地。

　　为了更好地发扬劳模精神，打造精益求精的工匠品质，国网浙江省电力有限公司将多年劳模培训积累的经验、成果和绝活，进行提炼总结，编制了《跟着电网企业劳模学系列培训教材》。该丛书的出版，将对劳模培训起到规范和促进作用，以期加强员工操作技能培训和提升供电服务水平，树立企业良好的社会形象。丛书主要体现了以下特点：

　　一是专业涵盖全，内容精尖。丛书定位为劳模培训教材，涵盖规划、调度、运检、营销等专业，面向具有一定专业基础的业务骨干人员，内容力求精练、前沿，通过本教材的学习可以迅速提升员工技能水平。

　　二是图文并茂，创新展现方式。丛书图文并茂，以图说为主，结合典型案例，将专业知识穿插在案例分析过程中，深入浅出，生动易学。除传统图文外，创新采用二维码链接相关操作视频或动画，激发读者的阅读兴趣，以达到实际、实用、实效的目的。

　　三是展示劳模绝活，传承劳模精神。"一名劳模就是一本教科书"，丛书对劳模事迹、绝活进行了介绍，使其成为劳模精神传承、工匠精神传播的载体和平台，鼓励广大员工向劳模学习，人人争做劳模。

丛书既可作为劳模培训教材，也可作为新员工强化培训教材或电网企业员工自学教材。由于编者水平所限，不到之处在所难免，欢迎广大读者批评指正！

最后向付出辛勤劳动的编写人员表示衷心的感谢！

丛书编委会

前　言

　　变电运维是国家电网有限公司的核心业务，其工作质量直接关系到电力的可靠供应和电网的安全稳定运行。近年来，随着我国电网规模大幅增长，变电站数量激增，新技术应用越来越广泛，使得安全运行压力与日俱增，对变电运维人才的需求越来越大。为增强运维安全责任意识，提高运维基本技能，落实变电设备主人制要求，培养运维专业"全科医生"，提升设备全寿命周期管理水平，特编写本书。

　　本书侧重于变电运维基本技能，注重安全生产知识、现场操作技能、安全职责与管理的介绍。主要内容包括概述、变电运维安全职责与基本技能、设备巡视、倒闸操作、工作票流程、防误管理、二次设备常用技能和辅助设施。

　　本书既可作为变电运维工作的入职指导，也可作为日常运维工作的学习参考，对新入职运维人员了解、熟悉和掌握运维安全职责与基本技能具有一定指导意义。

　　鉴于运维技术快速发展，作业规范要求的不断更新，本书难免有疏漏和不足之处，恳请广大读者及有关专家提出宝贵的意见，使之不断完善。

编　者

2022 年 2 月

目　录

十年铸剑砺风雨　开拓创新放光芒

——劳模梁勋萍个人简介

梁勋萍，男，1982年10月出生，现为国网金华供电公司变电运维中心副主任。曾荣获浙江省五一劳动奖章、浙江"金蓝领"、浙江省技术能手、金华市劳动模范等多项荣誉称号、多次参加国家电网公司、省市公司组织的竞赛比武并取得佳绩、并多次出任大型竞赛集训教练、省公司培训中心专家讲师等。

入职以来，梁勋萍主要从事变电运维、管理、创新等工作，参与了多座220kV及以上变电站的筹建、投运工作以及相关技术标准的编制。近年来，梁勋萍取得国家级QC成果2项，参与编写教材3本，获授权专利11项、软件著作权6项。

梁勋萍注重人才的培养与管理创新，2016年5月，领衔成立梁勋萍劳模创新工作室。该工作室依托北郊变电站实训基地，专业师资团队共有9名成员，其中省公司人才通道人员4人，获得省公司及以上比武大赛奖项的6人。工作室师资团队力量强大，专业素质过硬。工作室践行"致力于知识型、技术型和高技能人才培养、解决现场工作技术难题、创新提升变电运维技术技能水平"的创办宗旨，助力国网金华供电公司变电运维中心青年职工成长成才。两年间，6名劳模工作室成员成为班组骨干，并获得国家电网公司、浙江省电力公司、金华市青年岗位能手等荣誉称号，其辖下的班组获得"国家电网公司一流班组""金华市青年安全示范岗"等称号。

第一章

概　　述

第一节 变电站设备简介

一、电力变压器

电力变压器是一种静止的电气设备，属于一种旋转速度为零的电机。电力变压器在系统中工作时，可将电能由它的一次侧经电磁能量的转换传输到二次侧，同时根据输配电的需要将电压升高或降低，故变压器在电能的生产输送和分配使用过程中十分重要。电力变压器在变换电压时，是在同一频率下使其二次侧与一次侧具有不同的电压和电流。在电力的转换过程中，因电力变压器本身要消耗一定能量，所以输入电力变压器的总能量应等于输出的能量加上变压器工作时本身消耗的能量。由于电力变压器无旋转部分，工作时无机械损耗，且新产品在设计、结构和工艺等方面采取了节能措施，故其工作效率很高。通常，中小型变压器的效率不低于95％，大容量变压器的效率可达80％以上。

1. 电力变压器的分类

根据电力变压器的用途和结构可分以下六类：

（1）按用途分为升压变压器（使电力从低压升为高压，然后经输电线路向远方输送）、降压变压器（使电力从高压降为低压，再由配电线路对近处或较近处负荷供电）。

（2）按相数分为单相变压器、三相变压器。

（3）按绕组分为单绕组变压器（为两级电压的自耦变压器）、双绕组变压器、三绕组变压器。

（4）按绕组材料分为铜线变压器、铝线变压器。

（5）按调压方式分为无载调压变压器、有载调压变压器。

（6）按冷却介质和冷却方式分为油浸式变压器和干式变压器。

1）油浸式变压器。冷却方式一般为自然冷却，风冷却（在散热器上安装风扇），强迫油循环风冷却（在前者基础上还装有潜油泵，以促进油循环）等。

2）干式变压器。绕组置于气体中（空气或六氟化硫气体），或是浇注环氧树脂绝缘。它们大多在部分配电网内用作配电变压器或变电站所用变。

2. 电力变压器的工作原理

电力变压器是基于电磁感应原理而工作的。变压器本体主要由绕组和铁芯组成。工作时，绕组是"电"的通路，而铁芯则是"磁"的通路，且起绕组骨架的作用。一次侧输入电能后，交变电流在铁芯内产生交变磁场（即由电能变成磁场能）；交变磁场在铁芯中流通，二次绕组的磁力线不断交替变化，感应出了二次电动势，当外电路沟通时则产生了感生电流，向外输出电能（即由磁场能又转变成电能）。这种"电—磁—电"的转换过程是建立在电磁感应原理基础上而实现的，这种能量转换过程也就是变压器的工作过程。

3. 电力变压器结构

电力变压器的基本结构是由铁芯、绕组、带电部分和不带电的绝缘部分组成，为使变压器能安全可靠地运行，还需要油箱、冷却装置、保护装置及出线装置等。

（1）铁芯：铁芯由涂有绝缘漆的硅钢片叠压而成，用以构成耦合磁通的磁路。套绕组的部分叫芯柱，芯柱的截面一般为梯形，较大直径的铁芯叠片间留有油道以利散热，连接芯柱的部分称为铁轭。

（2）绕组：绕组是变压器的导电部分，用铜线或铝线绕成圆筒形，然后将圆筒形的高、低压绕组同心地套在芯柱上。低压绕组靠近铁芯，高压绕组在外边，这样放置有利于绕组铁芯间的绝缘。

（3）分接开关：分接开关利用改变绕组匝数的方法来进行调压。绕组引出的若干个抽头称为分接头，用以切换分接头的装置称为分接开关。分接开关又分为无载分接开关和有载分接开关，无载分接开关只能在变压器停电情况下才能切换，有载分接开关可以在带负荷情况下进行切换。

（4）保护装置。

保护装置分为储油柜、吸湿器、安全气道、气体继电器、净油器和温度计等。

1）储油柜（油枕）：调节油量，减少油与空气间的接触面，从而降低变压器油受潮和老化的速度。

2）吸湿器（呼吸器）：用以保持油箱内压力正常，吸湿器内装有硅胶，用以吸收进入油枕内空气中的水分。

3）安全气道（防爆筒）：其出口处装有玻璃或薄铁板，当电力变压器内部发生故障时，油气流冲破玻璃向外喷出，用以降低油箱内压力，防止变压器爆炸破裂。

4）气体继电器：当变压器内部故障时，变压器油箱内产生大量气体使其动作，切断变压器电源，从而保护变压器。

5）净油器（热虹吸过滤器）：利用油的自然循环，使油通过吸附剂进行过滤、净化，从而防止油的老化。

6）温度计：用以测量监视变压器油箱内上层油温，掌握变压器的运行状况。

（5）电力变压器的冷却装置。

电力变压器的冷却装置分为油浸自冷式、油浸风冷式、强迫油循环风冷或水冷式等。

1）油浸自冷式：铁芯和绕组直接浸于电力变压器箱体的油中，电力变压器在运行中产生的热量经电力变压器油传递到油箱壁和散热器管，利用管壁和箱体的辐射和周围空气对流把热量带走，从而降低变压器温升。

2）油浸风冷式：为了加快变压器油的冷却，应在散热器上装有风扇，以加速空气的对流，从而使油迅速冷却，达到降低变压器温升的目的。

3）强迫油循环风冷或水冷式：装有特殊油泵，强迫油在散热器内循环，用风扇加速散热器冷却或利用油/水热交换系统将电力变压器油内热量带走，达到冷却变压器的目的。

二、断路器（开关）

高压断路器是电力系统中重要的保护设备，对维持电力系统的安全、经济和可靠运行起着非常重要的作用。在负荷投入或转移时，它应该准确地开、合。在设备（如发电机、变压器、电动机等）出现故障或母线、输配电线路出现故障时，它能自动地将故障切除，保证非故障点的安全连续运行。

1. 断路器的作用与结构

通过断路器将设备投入（接通）或退出（断开）运行。当电气设备或线路发生故障时，由继电保护动作控制断路器，使故障设备或线路从电力系统中迅速切除，以保证电力系统内无故障设备运行。

断路器由开断元件、支持绝缘的元件、传动元件、基座及操动机构组成。

2. 断路器分类

根据它使用的灭弧介质来分，断路器可分为以下四类。

（1）油断路器：包括多油断路器和少油断路器，以变压器油作灭弧介质，多油断路器的油除灭弧作用外，还有对地绝缘的作用。

（2）真空断路器：装配真空灭弧室，触头在真空泡中开、合。

（3）空气断路器：使用压缩空气吹弧使电弧熄灭。

（4）六氟化硫断路器：使用具有优异的绝缘性能和灭弧性能的 SF_6 气体作为灭弧介质和绝缘介质，可发展成组合电器，技术性能和经济效果都非常好。

三、隔离开关

1. 隔离开关的作用

（1）将电气设备与带电部分隔离开，以保证电气设备能安全地进行检修或故障处理。

（2）改变运行方式，如在双母线接线的电路中，可将设备或线路从一组母线切换至另一组母线上。

2. 隔离开关的分类

（1）按安装地点分为屋内型和屋外型。

（2）按绝缘支柱数目分为单立柱式、双立柱式、三柱式。

（3）按用途分：输配电用、发电机引出线用、变压器中性点接地用和快分用。

（4）按断口两侧接地开关情况分为单接地、双接地和不接地。

（5）按触头运动方式分为水平旋转式、垂直旋转式、摆动式和插入式。

（6）按现用操动机构分为手动、电动和气动操作等。

（7）按极数分为单极和三极隔离开关。

3. 隔离开关的基本要求

（1）有明显的断开点，易于鉴别是否与电源断开。

（2）断开点之间，应有可靠的绝缘，即有足够的距离，在恶劣的气象条件下或过电压相间闪络的情况下，不致从断开点击穿，以保证检修人员的人身安全。

（3）运行中应有足够的热稳定和动稳定性，尤其不能因电动力作用而自动断开，否则将会造成重大事故。

（4）结构尽量简单，动作可靠，对带有接地开关的隔离开关，必须有闭锁装置，保证先断开隔离开关再合上接地开关或先断开接地开关再合上隔离开关的操作要求。

四、互感器

互感器包括电压互感器和电流互感器，可将高电压和大电流变换成适合仪表或保护装置使用的低电压和小电流。

1. 互感器作用

（1）互感器与测量仪表配合，对设备和线路的电压、电流、功率等进行测量。

（2）互感器与继电器或保护装置配合，对电气设备、电力系统设备进行保护。

（3）互感器能使测量仪表、继电保护装置与电气设备的高电压隔离，保证运行值班员的人身安全和二次设备的安全。

（4）将电路的电压、电流变换成统一的标准值，利于仪表、继电器等二次设备标准化。

2. 互感器的分类

（1）电压互感器。

1）电磁式电压互感受器：单相干式、三芯五柱式、单相油浸式及串级油浸式等。

2）电容式电压互感器：单相油浸式，由电容分压器和电磁单元构成。

（2）电流互感器。

1）干式电流互感器：分为贯穿式、母线式、支持式三种，用于发电机回路及开关柜中。

2）油浸式电流互感器，多用于屋外配电装置。

3）串级式电流互感器，多个中间电流互感器相互串联而成。

五、消弧线圈

消弧线圈主要用于中性点不直接接地的电力系统中，当发生单相金属性接地故障时，补偿接地电容电流，使其值在允许的范围内。

消弧线圈是一个带有铁芯的电感线圈，铁芯具有间隙，以得到较大的电感电流，线圈的接地侧有若干个抽头，以便在一定的范围内分级调节电感的大小。消弧线圈一般接于变压器或发电机的中性点。

六、并联电抗器

削弱空载或轻载线路中的电容效应，降低工频过电压；同时利用其中性点经小电抗接地来补偿潜供电流，加速潜供电弧的熄灭。

七、电力电容器

（1）并联补偿电容器主要用于增加无功功率以及提高受电端电压水平。

（2）串联补偿电容器用于 220kV 及以上的电力系统中，可以提高线路的输送容量、系统稳定性和合理分布并联线间电容等。在 110kV 及以下的系统中，可以改善线路电压水平，提高配电网络输送能力。

（3）静止补偿器由电容器和可控饱和电抗器组成，兼有调相机及电容器的优点。

八、母线

变电站中各级电压配电装置间、变压器等电气设备与相应配电装置间，大都采用矩形或圆形截面的导线或绞线，统称为母线。母线具有汇流、分配、传输电力的作用。母线通常采用铝材。持续电流较大时，而且位置又狭窄的变压器出线端以及环境对铝有腐蚀时，选用铜材。110kV 及以上的配电装置，当采用硬导线时，必须有足够的力学强度和安全系数，一般常用铝锰合金材料。

九、绝缘子

绝缘子是用来支持导线，并使其绝缘的器件。绝缘子按用途分为高压绝缘子和低压绝缘子。其中，高压绝缘子又分为电站电器绝缘子和线路绝缘子，低压绝缘子用于低压架空线路、低压布线、通信线路等。按主绝缘材料分为瓷绝缘子、玻璃绝缘子、有机材料绝缘子和复合绝缘子。按结构分为 A 型、B 型和高压套管。高压套管供导线穿过墙壁、箱壳等，并使导体与墙壁、箱、壳等绝缘。高压套管又分为充液套管、充气套管、油浸纸套管和电容套管等。

十、继电保护及安全自动装置

当电力系统中的电力元件（如变压器、线路等）或电力系统本身发生故障时，继电保护装置能够向运行值班人员及时发出警告信号，或者直接向所控制的断路器发出跳闸命令以阻止事态发展。

继电保护主要是利用电力系统中元件发生短路或异常情况时的电气量（电流、电压、功率、频率等）的变化构成继电保护动作的原理。还包含其他的物理量，如变压器油箱内故障时伴随产生的大量瓦斯、油流速度的增大以及油压强度的增高等。

（1）继电保护和安全自动装置的基本要求：可靠性、安全性、灵敏性、选择性、速动性。

（2）继电保护分为主保护和后备保护。主保护在发生故障时，就首先正确可靠地动作，在最短时间内或不带时限地切除保护范围内的故障，如变压器的差动保护、输电线路的高频保护、距离保护、零序电流保护等。

后备保护是当被保护电气设备、输电线路的主保护或断路器失灵时起作用的保护，如变压器、输电线路的过流保护。

（3）安全自动装置的种类：如输电线路自动重合闸装置，所用电备用电源自动投入装置，变电站母线或分段母线备用电源自动投入装置，自动按频率减负荷装置，电气制动和自动切机装置等。

十一、合并单元和智能终端

1. 合并单元、智能终端的作用

（1）合并单元（merging unit，MU）是对互感器传输过来的电气量进行合并和同步、扩展处理，并将处理后的数字信号按照特定格式转发给间隔层设备使用。

（2）智能终端（smart terminal）与一次设备采用电缆连接，与保护、测控等二次设备采用光纤连接，实现对一次设备（如断路器、隔离开关、主变压器等）的测量、控制等功能。

2. 合并单元、智能终端的原理

（1）合并单元通过自身的交流模件采集互感器的电流、电压量。根据接入互感器的不同类型，合并单元的模拟量输入通道可分为保护电流、测量电流、电压、零序电压等四种。通过合并和同步对互感器传输的电气量进行处理，输出数字量给多个装置使用。

（2）智能终端通过开关量采集模块采集断路器、隔离开关、变压器等设备的信号量，通过模拟量小信号采集模块采集环境温湿度等直流模拟量信号，这些信号经处理后，以 GOOSE 报文形式输出。智能终端还接收间隔层发来的 GOOSE 命令，这些命令包括保护跳合闸、闭锁重合闸、遥控断路器/隔离开关、遥控复归等。装置在接收到命令后执行相应操作。

第二节　主接线图及设备命名

以某变电站为例，介绍其主接线图和设备命名，如图 1-1 所示。

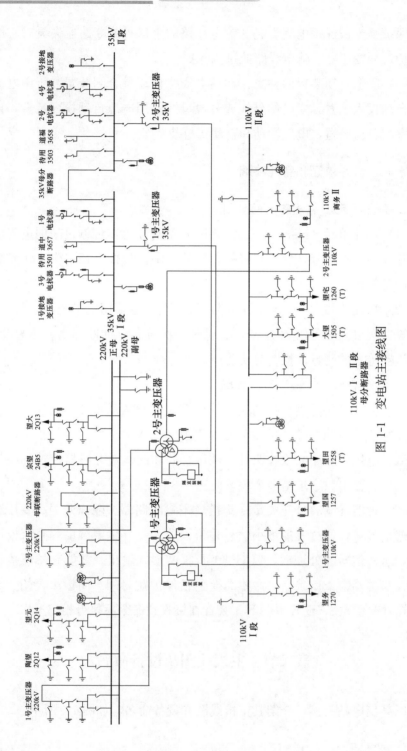

图 1-1 变电站主接线图

某变电站主接线如图 1-1 所示，其接线方式为：220kV 部分为双母线接线；110kV 部分为单母线分段接线；35kV 部分为单母线分段接线。

现有 4 条 220kV 出线、5 条 110kV 出线、2 条 35kV 出线，110kV Ⅰ段、Ⅱ段母线，110kV Ⅰ段、Ⅱ段母分断路器，220kV 母联断路器，1 号主变压器及三侧断路器，2 号主变压器及三侧断路器，以及 35kV Ⅰ段、Ⅱ段母线，35kV 母分断路器，1 号、2 号接地变压器，1 号、2 号、3 号、4 号电抗器等间隔。

设备应双重命名即名称加编号。以望大 2Q13 线路间隔为例，介绍设备命名和间隔内包含设备。如一次设备命名：望大 2Q13 断路器，望大 2Q13 正母隔离开关，望大 2Q13 副母隔离开关，望大 2Q13 线路隔离开关，望大 2Q13 断路器母线侧接地开关，望大 2Q13 断路器线路侧接地开关，望大 2Q13 线路接地开关，望大 2Q13 线路电压互感器，望大 2Q13 线路避雷器 A 相，望大 2Q13 线路电流互感器 A 相。

二次设备命名：望大 2Q13 第一套线路保护，望大 2Q13 测控装置，望大 2Q13 过程层 A 网交换机等。

第三节　变电站二次回路介绍

变电站的电气二次回路由测量仪表、监察装置、信号装置、控制和同步装置、继电保护和自动装置等组成，用以保证电气一次设备安全、可靠运行。其能够监视电气一次设备和电力系统的工作状况、控制电气一次设备，并在电气一次设备及电力系统发生故障时，能使故障部分迅速退出运行或给值班员提供信号，以便采取措施及时处理。

一、电压回路图

变电站交流电压回路如图 1-2 所示，母线电压通过母线电压互感器变换为较低的二次电压，供保护装置使用。通过母线合并单元实现母线电压采集和电压并列功能，并将模拟量转换为数字量传输给线路合并单元，由

11

线路合并单元将电压信息传输到保护装置。常规站无合并单元，正、副母线电压和线路电压经空气开关直接接入保护装置。通过母线侧隔离开关，选择采用哪路电压。

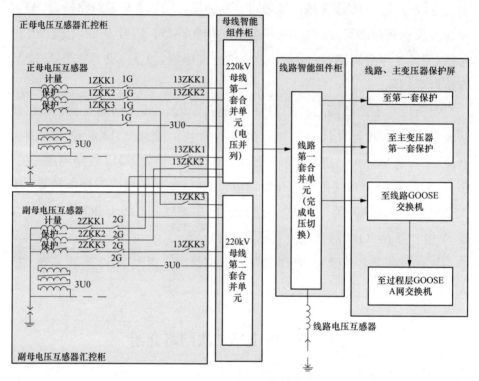

图 1-2 交流电压回路图

二、电流回路图

变电站交流电流回路如图 1-3 所示，该图为常规站 220kV 线路电流回路图，该线路电流互感器共有 6 组二次绕组，靠近母线侧 1LH 和 2LH 绕组分别供线路第一套保护、线路第二套保护及故障录波使用，靠近线路侧 3LH 和 4LH 绕组分别供第一套母差保护、第二套母差保护使用，5LH 和 6LH 分别供测量和计量装置使用。线路保护和母差保护用二次绕组交叉布置避免死区。同时母差保护一般会配置大电流切换端子，当该路电流互感器检修时，将该路二次绕组短接，避免影响母差保护影响。

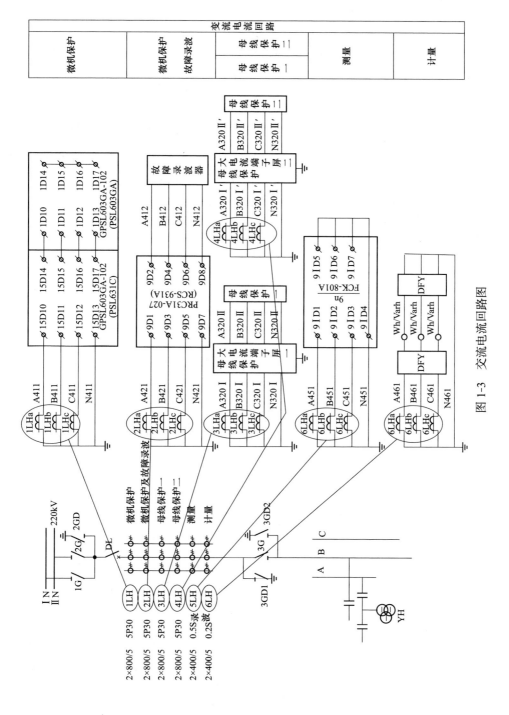

图 1-3 交流电流回路图

三、变电站直流系统

变电站直流系统是为继电保护、控制、信号、计算机监控、事故照明、交流不间断电源等直流负荷提供直流电源的电源设备。相对变电站交流系统而言，直流系统较为独立，能够在站内交流电中断的情况下，由蓄电池组继续提供直流电源，保障系统设备正常运行。直流系统由交流输入、充电装置、蓄电池组、监控系统（包括监控装置、绝缘监测装置等）、直流母线、直流馈线屏等单元组成，共同完成直流系统的功能。变电站直流系统中交流电源由交流分电屏引入充电机屏，为充电模块提供电源，充电模块经整流输出直流电压供给直流馈线屏的直流母线和蓄电池。直流负荷接入直流馈线屏或直流分电屏。下面对系统组成单元进行介绍。

（1）直流母线：采用单母分段接线方式，直流Ⅰ段、Ⅱ段母线之间配置直流母线分段断路器。直流系统配置两台充电机，其中1号充电机（含7个充电模块）带直流Ⅰ段负荷，2号充电机（含7个充电模块）带直流Ⅱ段负荷。正常运行时，1号、2号充电机分列运行。

（2）充电装置：充电机由交流电源切换元件、整流模块、故障指示、蓄电池信息采集器组成。1号充电机输出开关有三种位置，分别充供、断开和单供，正常运行时投充供位置，给直流Ⅰ段母线供电，又通过1号蓄电池开关给蓄电池充电（投单供时只给蓄电池充电，不给母线供电）；2号充电机输出开关有三种状态，分别充供、断开和单供，正常运行时投充供状态，给直流Ⅱ段母线供电；因站用电失去导致充电机停运时应加强监视直流电压，尽快恢复站用电。单台充电机故障，自动投入备用充电机。两台充电机同时故障应立即汇报各级调度及生产领导，对直流电压加强监视。

（3）蓄电池组：直流系统共配置两组蓄电池（每一组103只），1号蓄电池接直流Ⅰ段，正常由1号充电机对其充电；2号蓄电池接直流Ⅱ段，正常由2号充电机对其充电。1号、2号蓄电池室各自配置两只蓄电池巡检装置，对蓄电池进行在线监测。在直流母线联络屏上配置有蓄电池总熔丝并具有熔丝熔断报警功能。蓄电池组在正常运行中以浮充电方式运行。在运行中主要监视蓄电池组的端电压值、浮充电流值，每只蓄电池的电压值、蓄电池组及直流母线的对地电阻值和绝缘状态。

（4）直流绝缘监测：直流Ⅰ、Ⅱ段母线分别配置一套母线绝缘监测装置，采集Ⅰ、Ⅱ段母线中正、副母线对地电压，并对支路接地进行选线。绝缘信息上传直流子监控，子监控信息上传至一体化主监控。

（5）直流馈线监测：直流馈线柜及直流分电柜配置有馈线开关检测模块，可采集开关位置 OF 及开关跳闸 SD 信号，并上传主监控。

四、变电站交流系统

变电站交流系统又称站用电系统，是保证变电站安全可靠地输送电能的一个必不可少的环节。可为大型变压器的冷却系统，交流操作电源，直流系统用交流电源，设备用加热、驱潮、照明等交流电源，UPS，SF_6 气体监测装置，正常及事故用排风扇、照明等提供电源。

变电站用交流系统的组成部分主要包括站用变压器、断路器、交流进线电源屏及馈线屏、馈线及用电元件等。为提高可靠性，变电站交流系统一般采用双电源供电。即两台站用变压器位于不同段低压（35kV/10kV）母线，分别向两段交流低压（380V）小母线供电。站用交流系统结构如图 1-4 所示。

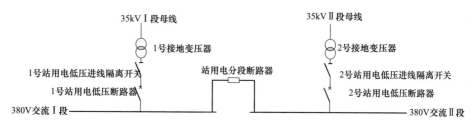

图 1-4　站用交流系统结构图

站用电交流系统配置两台接地变压器，1 号接地变压器接于 35kV Ⅰ段母线，2 号接地变压器接于 35kV Ⅱ段母线。正常运行方式时，1 号站用变压器带交流Ⅰ段，2 号站用变压器带交流Ⅱ段。变压器的风机电源、交流操作电源、直流系统用交流电源、照明检修用等交流电源接入站用电馈线屏或分电屏。同时站用电馈线屏上有应急电源接入开关，可接入应急发电车。

正常运行时分列运行，站用变压器互为暗备用，站用电低压分段断路器有备自投功能，当任一低压母线失电，可自动动作。如一台接地变压器需停用，则将该低压断路器及低压分段断路器切换切至"手动"方式，调整至另一台接地变压器带，并拉开停役接地变压器的低压进线隔离开关。1号、2号接地变压器停役前，应先进行站用变压器倒换，不得直接拉开接地变压器高压侧断路器。

全站站用变压器全失电时，可以通过站用电屏的发电车接入空气开关接入站用变压器，在接入前必须将1号、2号站用变压器低压侧改冷备用（1号、2号站用电低压断路器摇出或隔离位置），合上低压分段断路器，再拉开空调电源开关，并在发电车电压稳定后合上发电车接入空气开关送站用电。

一次设备区交流电源通常采用环网供电，如35kV开关室内开关柜交流电源环网为：1号站用电屏→35kVⅠ段母线电压互感器柜→1号主变压器35kV开关柜→1号电抗器开关柜→3号电抗器开关柜→1号接地变压器开关柜→35kV母分插头柜→35kV母分开关柜→4号电抗器开关柜→2号电抗器开关柜→2号接地变压器开关柜→2号主变压器35kV开关柜→2号站用电屏。

第二章

变电运维安全职责与基本技能

第一节 安 全 职 责

一、运维班安全职责

1. 负责所辖变电站的运行与管理

(1) 贯彻落实"安全第一、预防为主、综合治理"的方针;

(2) 按照"三级控制"制定本班组年度安全生产目标及保证措施,布置、落实安全生产工作;

(3) 落实各项安全措施,保障人身、电网、设备、信息安全。

2. 对所辖变电站正确开展运维相关业务

(1) 负责《电网运行风险预警管控工作规范》《生产作业安全管控标准化工作规范(试行)》的落实;

(2) 落实管理人员到岗到位要求;

(3) 熟悉并严格执行"二票三制"、倒闸操作"六要七禁八步一流程"等安全生产规定;

(4) 正确执行倒闸操作;

(5) 规范开展工作票许可与终结;

(6) 规范执行交接班制度;

(7) 认真开展设备巡视;

(8) 定期进行切换试验;

(9) 根据调度规程开展变电事故及异常处置工作。

3. 负责所辖变电站设备台账、设备技术档案、规程制度、图纸资料等管理工作

(1) 建立并完善变电站各类台账、技术档案等;

(2) 妥善保管设备说明书、图纸资料等;

(3) 建立图纸、资料等借用管理制度,对图纸、资料等实行定置管理。

4. 正确配备、使用安全工器具及劳动保护用品

(1) 配备符合安全工作要求的安全工器具及劳动保护用品;

（2）正确保管和使用安全工器具及劳动保护用品；

（3）定期组织开展安全工器具及劳动保护用品检查。

5. 负责新、扩、改建工程的各项生产运行准备和验收工作

（1）及时开展新、扩、改建工程的各项生产运行准备工作；

（2）熟悉系统接线和设备基本原理；

（3）完善新设备一、二次设备命名；

（4）及时修订现场运行规程和典型操作票并上报审核；

（5）加强新、扩、改建工程验收工作，监督验收问题整改，确保设备按时投入运行。

6. 修订与完善所辖变电站现场运行规程、典型操作票、防全停预案等编制工作

（1）及时修订、完善现场运行规程、典型操作票、防全停预案；

（2）按规定上报审核与审批；

（3）确保现场运行规程、典型操作票、防全停预案符合现场实际。

7. 对班组员工开展业务培训

（1）制定本班组年度安全培训计划；

（2）做好新入职人员、变换岗位人员的安全教育培训；

（3）定期开展业务考试；

（4）做好员工岗位升值管理。

8. 定期开展安全检查、隐患排查和专项安全检查等活动

（1）定期开展安全检查、隐患排查和专项安全检查等活动；

（2）对查出的问题积极落实整改与反馈；

（3）开展班组现场安全稽查和自查自纠工作，制止人员违章行为。

9. 负责运维班及所辖变电站消防、保卫、车辆的管理

（1）按规定配备消防设施设备，建立消防档案与台账，定期开展消防检查与演练；

（2）落实人防、物防、技防措施，提高变电站安保水平；

（3）加强驾驶人和车辆管理，确保行车安全。

二、岗位安全职责

在变电运维班中，最常见的三种岗位分别是副值、正值和值长。

1. 副值安全岗位职责

（1）负责倒闸操作票的填写，在值长或正值监护下正确执行各项倒闸操作任务；

（2）在值长或正值的带领下，进行事故及异常运行情况的处理；

（3）协助正值做好各种专业记录填写和工作许可、验收、终结等工作；

（4）做好所辖变电站的日常运行维护工作，发现缺陷及时汇报并做好记录；

（5）负责安全工器具、仪表、钥匙、备品备件等的使用管理；

（6）做好当值期间的资料整理、清洁卫生和各项辅助工作；

（7）可担任维护性工作的工作班成员，在工作负责人指挥下完成维护性工作；

（8）参加站内安全活动，执行各项安全技术措施；

（9）可担任维护性工作的工作班成员，在工作负责人指挥下完成维护性工作；

（10）参与设备验收。

2. 正值安全职责

（1）在值长领导下负责与调度之间的操作联系；

（2）遇有各类事故、事件情况，及时向有关调度、值长汇报并进行处理，同时做好相关记录；

（3）组织做好日常维护工作，认真填写各种记录，按时抄录各种数据；

（4）受理调度（操作）指令，填写或审核操作票，并监护执行；

（5）受理工作票，并办理工许可手续；

（6）填写或审核运维记录，做到正确无误；

（7）根据培训计划，做好培训工作；

（8）参与设备验收；

（9）参加站内安全活动，执行各项安全技术措施；

（10）可担任维护性工作负责人，开展维护性工作，并对工作的现场安全和质量负责。

3. 值长安全职责

（1）值长是本值安全生产的第一责任人，负责当值的各项工作；完成当值设备维护、资料收集工作；参与新、改、扩建设备验收；

（2）领导全值接受、执行调度指令，正确迅速地组织倒闸操作和事故处理，并监护执行倒闸操作；

（3）及时发现和汇报设备缺陷；

（4）审查工作票和操作票，组织或参与设备验收；

（5）组织做好日常维护工作；

（6）审查本值记录；

（7）组织完成本值的安全活动、培训工作；

（8）按规定组织好交接班工作。

第二节 基 本 技 能

在变电运维日常工作中，运维人员应熟悉和掌握的基本技能有交接班、熟悉运行方式、设备巡视、倒闸操作、工作票许可和终结、事故处理、维护工作和记录工作等。

一、交接班

交接班是运维班开展工作的基础，一般来说是由上个值（交班值）的值长负责汇总，向下个值的人员（接班值）进行汇报，是当值人员了解运维班所辖变电站情况的渠道。在日常工作中，交接班有着重大的意义，交接班内容包括：

（1）所辖各变电站的运行方式及设备状态；

（2）系统的事故、异常、缺陷及处理情况和意见，本班内遗留的问题和下一班应注意事项；

（3）倒闸操作任务执行情况，工作票的许可、终结验收情况；

（4）待执行的工作票和操作预令票；

（5）定期切换试验完成情况；

（6）各变电站接地线（接地开关）的装设情况；

（7）设备缺陷的发现、记录、汇报和处理意见及消缺情况；危急缺陷督促有关部门反馈情况；

（8）设备接线变更与继电保护方式和定值更改情况，继电保护及自动装置的动作情况，运维站（班）后台及各变电站当地后台的运行情况；

（9）各种记录及运行报表、信息打印情况，设备技术资料、图纸、试验报告、保护整定单等情况；

（10）上级和调度的指示、通知、文件、资料；

（11）运维站（班）本部安全工器具和通信、录音设备及其他工器具的完好情况；

（12）各变电站钥匙、防误闭锁装置钥匙的完整性和使用情况。

二、熟悉运行方式

运方，即是运维班所辖各变电站的运行方式，这并不是一项日常工作，但却是变电站所有工作开展的前提和保证各项工作安稳进行的保障。以倪宅运维班为例，所辖莹乡变电站是终端变电站，运方及调度管辖均有特殊之处；如黄村运维班的鹿田变电站、汤溪变电站，是智能变电站，站内是气体绝缘全封闭组合电器（gas insulated switchgear，GIS），与常规变电站的空气绝缘的常规配电装置（air insulated switchgear，AIS）不同；宾王运维班管辖义乌、永康片区供电，义乌区负荷高，所辖变电站大多为 3 主变压器运行，其运方有特殊之处。这些特殊点，作为正值都应了然于心。

三、设备巡视

设备巡视分为交接班巡视、例行巡视、全面巡视、特殊巡视和熄灯巡视等。

（1）交接班巡视：每日交接班后进行，巡视主站相关一、二次设备，测量高频通道。

（2）例行巡视：每周一次，巡视项目为电瓶车充电桩、灭火器、空调、除湿机、正压式呼吸器、电子围栏、围墙防震系统、二次保护信号复归、高频通道等。

（3）全面巡视：每月一次，巡视内容为数据抄录、五小箱检查、防小动物检查、巡视作业指导卡记录等。

（4）特殊巡视：根据上级要求，由于特殊原因对变电站设备进行巡视。

（5）熄灯巡视：主要进行红外测温，检查设备电晕放电现象。

巡视中除基本的工作外，正值需要能够辨别设备异常及缺陷特征，及时发现上报。在巡视中发现任何异常，应能正确判断异常或缺陷等级，能够处理小问题和小异常，学会上报相关流程。

四、倒闸操作

倒闸操作分为监护操作、单人操作和检修人员操作。其中运维人员主要进行监护操作。在操作过程中，副值、正值、值长应分别掌握以下技能：

（1）副值作为操作人员，应熟悉和掌握操作过程中的安全注意事项，保障人身、电网和设备安全。在操作过程中，应执行监护人指令，不得有超出指令的不正确行为，当对指令有疑问时，及时向监护人提出。

（2）正值应掌握各变电站运行方式，能够审核副值拟写的操作票，保证操作票的正确率。作为监护人，应熟悉和掌握运维班所辖各变电站的特殊点和危险点，在操作前对操作人进行交代，在操作中对全程进行把控，及时制止操作人可能存在的不安全行为，在操作后监督操作人更改图板、签销执行操作票，做好相应的收尾工作。

（3）值长掌握各站特殊点及运行方式，负责接令、汇报、把握操作时的危险点以及处置操作中的异常情况。

五、工作票许可和终结

副值对工作票接触较少,且无许可终结工作票资质,但在副值期间,应尽早学习工作票相关业务知识、工作票相关管理规定、工作票许可终结流程和安全措施布置要求。

作为正值,已经具备许可终结工作票的资质。正值必须掌握工作票相关规定,协助值长审核工作票正确,带领副值布置、回收安全措施,做好工作票的执行和记录工作。

值长负责审核当日两种票、后一天一种票的内容正确,如有疑义,联系工作票签发人询问清楚。在许可工作时,同工作负责人一起,再次检查现场安全措施,证明检修设备确无电压。终结工作时,验收相关工作,检查作业现场,并督促作业单位提供结论,最后将现场情况汇报调度。

六、事故处理

在日常生产和生活中发生危及人身安全或财产安全的紧急状况或事故时,为迅速解救人员、隔离故障设备、调整运行方式,迅速恢复正常运行,值长应能够尽快判断事故情况,做出妥当的处置措施,正、副值应了解相关原则,辅助值长做好处置。

1. 事故处理原则

(1)尽快限制事故的发展,隔离故障点并解除对人身和设备的威胁。

(2)根据事故范围和调度指令,及时调整设备运行方式,使其恢复正常。

(3)用一切可能的方法保持对用户的正常供电。

(4)尽快对已停电的用户恢复供电,对重要用户应优先恢复供电。

2. 事故处理流程

(1)一次设备发生故障,调控中心应立即向相关调度汇报并通知相关运维站(班)到变电站现场进行检查。

(2)变电站现场通过对一、二次设备的检查,向相关调控中心汇报现场检查情况,汇报内容包括:

1）现场天气情况；

2）一次设备现场检查情况；

3）现场是否有工作人员；

4）站内相关设备有无越限或过载；

5）站用电安全是否受到威胁；

6）二次设备的动作、复归的详细情况（故障滤波器是否动作、故障相位，如果是线路故障，需汇报故障测距等）；

7）对于强送不成的，仍必须按相关流程汇报。

（3）现场变电运维人员应做好故障处理的操作准备，在接到调控中心操作命令后立即进行操作。

七、维护工作

定期切换：蓄电池测量、应急灯、照明检查、漏电保安器检查、故障录波测试和打印。

避雷器更换：持卡作业，更换有异常、缺陷的避雷器。

呼吸器更换：持卡作业，更换有异常、缺陷的呼吸器、硅胶及清洗油杯。

跟踪测温：对熄灯巡视中发现的过热点进行周期性跟踪测温，掌握设备运行情况的变化。

八、记录工作

纸质记录：巡视记录、解锁记录、高频记录、班班考问、工作票记录。

PMS 记录：巡视记录、数据记录、解锁记录、缺陷登记查询、设备信息查询。

其他记录："一站一库"。

副值进行相关记录工作，正值检查所有记录，确保记录（尤其是 PMS 记录）不超期、无漏记、无错记，在记录发生问题时，及时联系专职询问并告知值长。

第三章

设 备 巡 视

第一节　设备巡视类别及要求

变电站、运维站（班）应按设备的实际位置确定科学、合理的巡视检查路线和检查项目。变电运维人员按"三定"（定路线、定时间、定人员）原则对全站设备进行认真的巡视检查，提高巡视质量，及时发现异常和缺陷，并汇报调度和上级有关部门。

变电站的设备巡视检查一般分为例行巡视、交接班巡视、全面巡视、熄灯巡视、特殊巡视。

1. 例行巡视

（1）220kV 变电站每周巡视一次。正常巡视检查应按变电站现场运行规程中制定的检查项目（内容）进行。设备巡视后，应将巡视检查情况记入值班日志或巡视检查维护记录，并做好相关数据的记录。无人值守变电站巡视时，应对无人值守变电站的安全用具、生产工具、备品备件、防火防盗、通信、钥匙等设施进行检查，对无人值守变电站已布置的安全措施进行检查。

（2）对于具有远程巡视功能的运维站（班），变电运维人员应每天利用监控系统（如视频监控等）进行远程巡视，检查所辖无人值守变电站的各类设备运行及安全情况。

2. 交接班巡视

（1）在交接班时，对上一班变动、操作、工作过的一次设备、二次设备、自动化设备等和新发现的设备缺陷及带严重缺陷运行的设备，由交班人员陪同接班人员到现场进行的核对性巡视检查。对无人值守变电站宜尽快安排接班人员进行核对性检查。

（2）交接班巡视的主要内容包括：

1）运行方式及负荷分配情况；

2）当班所进行的操作情况及未完的操作任务及调度的操作预令；

3）使用中的和已收到的工作票；

4）使用中的接地线号数及装设地点；

5）发现的缺陷和异常运行情况；

6）继电保护、自动装置动作和投退变更情况；

7）站用电系统运行情况；

8）事故异常处理情况及交代有关事宜；

9）上级指令、指示内容和执行情况；

10）一、二次设备检修试验情况和设备缺陷及消缺情况；

11）设备巡视检查、维护工作情况；

12）环境卫生。

3．全面巡视

（1）有人值守变电站每月至少一次，500kV 无人值守变电站每月两次，220kV 及以下无人值守变电站每季至少一次。主要是对全站运行设备状态（状况）进行全面巡视，对现存缺陷进行监视性巡视检查，检查设备的薄弱环节。

（2）设备全面巡视一般应使用巡视作业指导书或指导卡。

4．熄灯巡视

（1）有人值守变电站每周至少一次，无人值守变电站每月至少一次，重点检查设备有无电晕、放电、接头有无过热现象。

（2）熄灯巡视必要时可通过红外测温仪进行辅助性测试。

5．特殊巡视

（1）设备新投运及大修后，巡视周期相应缩短，72h 以后转入正常巡视。

（2）遇有下列情况，应对设备进行特殊巡视。

1）大风前后的巡视；

2）雷雨后的巡视；

3）冰雪、冰雹、雾天的巡视；

4）设备变动后的巡视；

5）设备新投入运行后的巡视；

6）设备经过检修、改造或长期停运后重新投入系统运行后的巡视；

7）异常情况下的巡视主要指过负荷或负荷剧增、超温、设备发热、系统冲击、跳闸、有接地故障情况等，应加强巡视，必要时应派专人监视；

8）设备缺陷有发展时、法定节假日、上级通知有重要供电任务时，应加强巡视。

（3）特殊巡视项目。

1）大风天气：引线摆动情况及有无搭挂杂物；

2）雷雨天气：瓷套管有无放电闪络现象；

3）大雾天气：瓷套管有无放电、打火现象，重点监视污秽瓷质部分；

4）大雪天气：根据积雪溶化情况，检查接头发热部位，及时处理悬冰；

5）温度骤变：检查注油设备油位变化及设备有无渗漏油等情况；

6）节假日时：监视负荷及增加巡视次数；

7）高峰负荷期间：增加巡视次数，监视设备温度，触头、引线接头，特别是限流元件接头有无过热现象，设备有无异常声音；

8）短路故障跳闸后：检查隔离开关的位置是否正确，各附件有无变形，触头、引线接头有无过热、松动现象，油断路器有无喷油，油色及油位是否正常，测量合闸保险丝是否良好，断路器内部有无异音；

9）设备重合闸后：检查设备位置是否正确，动作是否到位，有无不正常的音响或气味；

10）严重污秽地区：瓷质绝缘的积污程度，有无放电、爬电、电晕等异常现象。

另外，设备巡视检查结束后或巡视中发现缺陷及异常情况时，相关人员应立即向运维站（班）或调控中心人员汇报。单人巡视时，必须遵守《国家电网公司电力安全工作规程 变电部分》中的有关规定。

第二节 设备巡视要点及方法

一、变压器的巡视检查

1. 新投或大修后变压器的运行前检查

（1）气体继电器或集气盒及各排气孔内无气体；

（2）附件完整安装正确，试验、检修、二次回路、继电保护验收合格、整定正确；

（3）各侧引线安装合格，接头接触良好，各安全距离满足规定；

（4）变压器外壳接地可靠，钟罩式变压器上下体连接良好；

（5）强油风冷变压器的冷却装置油泵及油流指示、风扇电动机转动正确；

（6）电容式套管的末屏端子、铁芯、变压器中性线接地点接地可靠；

（7）变压器消防设施齐全可靠，室内安装的变压器通风设备完好；

（8）有载调压装置升、降操作灵活可靠，远方操作和就地操作正确一致；

（9）油箱及附件无渗漏油现象，储油柜、套管油位正常，变压器各阀门位置正确；

（10）防爆管的呼吸孔畅通，防爆隔膜完好，压力释放阀的信号触点和动作指示杆应复位；

（11）核对有载调压或无励磁调压分接开关位置；检查冷却器及气体继电器的阀门应处于打开位置，气体继电器的防雨罩应严密。

2. 变压器特殊巡视检查

在下列情况下应对变压器进行特殊巡视检查，增加巡视检查次数：

（1）新设备或经过检修、改造的变压器在投运 72h 内；

（2）有严重缺陷时；

（3）气象突变（如大风、大雾、大雪、冰雹、寒潮等）时；

（4）雷雨季节特别是雷雨后；

（5）高温季节、高峰负载期间；

（6）变压器急救负载运行时。

3. 变压器日常巡视检查

变压器日常巡视检查一般包括以下内容：

（1）变压器的油温和温度计应正常，储油柜的油位应与温度相对应，各部位无渗油、漏油；

（2）套管油位应正常，套管外部无破损裂纹、无严重油污、无放电痕迹及其他异常现象；

（3）变压器音响正常；

（4）各冷却器手感温度应相近，风扇、油泵、水泵运转正常，油流继电器工作正常；

（5）吸湿器完好，吸附剂干燥；

（6）引线接头、电缆、母线应无发热迹象；

（7）压力释放器及防爆膜应完好无损；

（8）气体继电器内应无气体；

（9）各控制箱和二次端子箱应关严，无受潮；

（10）冷却器运转正常，投入运行组数应与主变压器负荷相对应；

（11）正常投入运行的变压器，应密切监视仪表的指示，及时掌握变压器运行情况，每小时应检查一次负荷及温度曲线，当变压器超过额定电流运行时，应做好记录。

二、电流互感器的检查项目

（1）电压互感器的高、低熔丝（快速小开关）完好，配置适当；

（2）油标的油色、油位正常，无渗漏油、漏气，金属膨胀器指示正常，硅胶不变色；

（3）瓷套无裂纹、放电、闪络，瓷表面清洁；

（4）导线接头无发热、示温蜡片未熔化；

（5）电压互感器、电流互感器内部声音正常、无异味、冒烟；

（6）端子箱内干燥，无鸟窝、蜂窝及锈蚀，孔洞已封堵。

三、断路器（开关）的检查项目

1. SF_6 断路器正常巡视检查项目

（1）每日定期记录 SF_6 气体压力和操作机构压力，并要求在规定范围内；

（2）断路器各部分及管道无异声（漏气声、振动声）及异味，管道夹头正常；

（3）套管无裂纹、放电声和电晕；

（4）引线连接部位无过热，引线弛度适中；

（5）断路器分、合位置指示正确，与实际运行方式相符；

（6）接地完好；

（7）气动操作机构的缓冲器是否渗油；

（8）气泵机油油位不得低于中线；

（9）落地罐式断路器应检查防爆膜无异状。

2. 35kV 手车式开关正常巡视检查项目

（1）瓷瓶表面无裂纹、放电、闪络现象；

（2）触头无发热变色，示温蜡片无熔化；

（3）合闸熔丝正常；

（4）分合闸指示和实际位置一致；

（5）开关柜门，后门"五防"锁已锁好；

（6）带电显示装置指示正常。

四、隔离开关正常巡视检查项目

（1）瓷瓶无裂纹、放电和闪络现象；

（2）触头、引线、接头无发热、变色，60℃、70℃示温蜡片未熔化，引线无松、断股；

（3）操作箱、操作把手锁住，隔离开关支架、底座无锈蚀；

（4）分合闸到位，位置指示与实际相符，操作电源正常；

（5）隔离开关操作机构箱，接地开关操作把手锁住；

（6）微机型防止电气误操作装置可靠。

五、电力电容器的检查项目

（1）外壳、套管外表清洁，无渗漏油、鼓肚、裂纹及放电痕迹；

（2）熔丝完好，母线及引线完整无损，各连接点无发热变色；

（3）放电电压互感器三相监视灯指示正常；

（4）大风、雷雨等恶劣天气后，应对电力电容器进行特巡；

（5）电容器间清洁、无杂物，围栏门锁好；

（6）室内电容器组的环境温度不宜超过－25～＋40℃。

六、并联电抗器检查项目

（1）运行时应注意监视电抗器的声音是否异常，导线接头是否牢固，室内通风情况是否良好；

（2）检修后验收应注意检查电抗器，从通风孔往上看有无堵塞，顶部有无遗留金属异物、螺丝有无拧紧。

七、避雷器巡视项目及内容

（1）瓷套表面积污程度及是否出现放电现象，瓷套、法兰是否出现裂纹、破损；

（2）避雷器内部是否存在异常声响；

（3）与避雷器、计数器连接的导线及接地引下线有无烧伤痕迹或断股现象；

（4）避雷器放电计数器指示数是否有变化，计数器内部是否有积水；

（5）对带有泄漏电流在线监测装置的避雷器泄漏电流有无明显变化；

（6）避雷器均压环是否发生歪斜；

（7）各部接头接触良好，无过热、变色等现象；

（8）母线无损伤、断股情况，硬母线无强烈振动声；

（9）绝缘子无破损、裂纹、放电、闪络现象；

（10）母线上无异物。

八、电力电缆正常巡视检查项目

（1）电缆终端头有无漏油、溢胶、放电和音响现象；

（2）电缆终端头瓷瓶是否完整，有无裂纹、放电现象，引出线的连接是否坚固，有无发热现象；

（3）电缆终端头接地是否良好，有无松动、断股、锈蚀现象；

（4）电缆外皮有无松动、渗油现象；

（5）对敷设在地下的每一电缆线路，应查看路面是否正常，有无挖掘痕迹及路线标桩是否完整无缺；

（6）电缆线路上不应堆置瓦砾、矿渣、建筑材料、笨重物件、酸碱性排泄物和砌堆石灰坑等；

（7）检查电缆层、电缆井内电缆的位置是否正常，接头有无变形、漏油，温度是否正常，物件是否失落。

第三节 记 录 要 求

一、各类巡视记录要求

（1）例行巡视：在 App 上记录巡视记录。

（2）熄灯巡视：在 App 上记录巡视记录。

（3）全面巡视：在 App 上记录巡视记录、SF_6 压力记录和避雷器动作记录；在设备（资产）运维精益化管理系统（PMS）上记录解锁记录和差流。

（4）定期切换：在 App 上记录蓄电池数据；在 PMS 上记录各类维护记录。

（5）高频测试：在 PMS 上记录测试记录。

二、设备缺陷记录要求

一次设备缺陷在 App 上填报，二次设备缺陷在电脑上填报。其中，在

App 上填报缺陷流程图如图 3-1～图 3-5 所示。

图 3-1　运维工作界面

图 3-2　设备缺陷总览界面

图 3-3　设备缺陷填报界面①

图 3-4 设备缺陷填报界面②

图 3-5 设备缺陷填报界面③

第四章

倒 闸 操 作

倒闸操作是通过操作隔离开关、断路器以及挂、拆接地线等将电气设备从一种状态转换为另一种状态或使系统改变了运行方式，是变电运维最基本的技能之一。明确倒闸操作的作业流程，熟知各类设备操作注意要点、检查要点、操作方法，掌握后台操作流程及注意事项，有利于运行值班人员正确、规范、有效地进行倒闸操作。

第一节　倒闸操作流程

倒闸操作作业流程分为八步：①接受调度预令，填写操作票；②审核操作票正确；③明确操作目的，做好危险点分析和预控；④接受调度正令，模拟预演；⑤核对设备命名和状态；⑥逐项唱票复诵操作并勾票；⑦向调度汇报操作结束及时间；⑧改正图板，签销操作票，复查评价。

一、接受调度预令，填写操作票

具体包括接受操作预令、布置开票、查对图板和状态、填写操作票。

1. 接受操作预令

（1）规范：

1）开启录音设备，互报所名（或站名）、姓名。

　　格式：××变电站（或集控站），×××。

2）高声复诵。

　　格式：接受预令：

　　　　①……

　　　　②……

3）了解操作目的和预定操作时间，即在运行日志中记录。

　　格式：××时××分：××（调度）×××（调度员）、预令：

　　　　①……

　　　　②……

　　操作目的、预定操作时间。

4）审核预令正确性，如发现疑问，应及时向发令人询问清楚。

（2）注意点：

1）调度操作预令应由正值及以上岗位当班运行值班人员接令。

2）对直接威胁人身或设备安全的调度指令，运行人员有权拒绝执行，并将拒绝执行命令的理由，报告发令人和本单位领导。

3）如调度发令时有调令号，也应复诵和记录。

4）上述"（1）规范3）"格式中的时间是指调度发预令的时间。

2.布置开票

（1）规范：

1）接令人向值长汇报接令内容。

2）接令人或值长向拟票人布置开票，交代必要的注意事项，拟票人复诵无误。

（2）注意点：值长不在或没有值长，由正值向拟票人布置开票。

3.查对图板和状态

规范：

1）查对一次系统图，核对实际运行方式，参阅典型操作票。

2）必要时应查对设备实际状态，查阅相关图纸、资料和工作票安全措施要求等。

4.填写操作票

（1）规范：

1）拟票人认真拟写操作票，自行审核无误后在操作票上签名，并交付审核。

2）拟票人在填写操作票时发现错误应及时作废操作票，在操作票上签名，然后重新拟票。

（2）注意点：

1）作废操作票《变电站管理规范（试行）》按（国家电网生〔2003〕387号）规定执行。

2）对于拆除接地线的操作，应在拟票时将接地线编号填入操作票内，并与装设时的编号相一致。

二、审核操作票正确

具体包括当值审票、下值审票。

1. 当值审票

（1）规范：

1）当值人员逐级对操作票进行全面审核，对操作步骤进行逐项审核，是否达到操作目的，是否满足运行要求，确认无误后分别签名。

2）审核时发现操作票有误即作废操作票，令拟票人重新填票，然后再履行审票手续。

（2）注意点：

1）审核按先正值、后值长的次序进行，值长不在或没有值长，正值审票即可。

2）作废操作票按《变电所管理规范（试行）》（国家电网生〔2003〕387号）规定执行。

2. 下值审票

（1）规范：

1）交接班时，交班人员应将本值未执行操作票主动移交，并交代有关操作注意事项。

2）接班人员应对上一值移交的操作票重新进行审核。

（2）注意点：对于上一值已审核并签名的操作票，下一值审核正确可不再签名；如审核发现错误后作废操作票，应在〔备注〕栏签名并重新填写操作票。

三、危险点分析和预控

具体包括明确操作目的、危险点分析预控。

1. 明确操作目的

（1）规范：值长向正值和副值讲清楚本次操作的目的和预定操作时间。

（2）注意点：值长不在或没有值长，由接令人负责讲清楚。

2. 危险点分析预控

（1）规范：由值长组织，查阅危险点预控资料，同时根据操作任务、操作内容、设备运行方式和工作票安全措施要求等，共同分析本次操作过程中可能遇到的危险点，提出针对性预控措施。此内容可写入操作票［备注］栏内。

（2）注意点：值长不在或没有值长，由正值组织。

四、接受调度正令，模拟预演

具体包括接受操作正令、签名并确认操作方式、布置操作任务、复诵并核对签名、准备操作工器具、模拟预演。

1. 接受操作正令

（1）规范：

1）开启录音设备，互报所名（或站名）、姓名。

格式：××变电站（或集控站），×××。

2）高声复诵。

格式：接受正令：

　①……

　②……

3）经调度认可，由调度发出："对，执行，发令时间××点××分"，即在运行日志中记录。

格式：××时××分××（调度）×××（调度员）正令：

①……

②……

4）核对正令与原发预令和运行方式是否一致，如有疑问，应向调度询问清楚。

（2）注意点：

1）调度操作正令应由正值及以上岗位当班运行值班人员接令，宜由最高岗位值班人员接令。

2）开启录音设备时应同时扩音，相关人员应进行监听。如录音设备没有扩音功能，接令后应回放录音，核对接令正确。

3）如调度发令时有调令号，也应复诵和记录。

4）上述"（1）规范3）"中的时间即为调度发令时间。

5）调度直接发正令时应明确操作目的。

2. 签名并确认操作方式

（1）规范：

1）接令人在操作票上填写发令人、接令人、发令时间。

2）接令人向值长汇报接令内容。

3）接令人或值长在操作票［值班负责人（值长）］栏签名。

4）接令人或值长根据操作内容确认操作方式（监护下操作、单人操作、检修人员操作），并在操作票相应栏目前打"√"。

（2）注意点：谁布置操作命令谁在［值班负责人（值长）］栏签名和确认操作方式。

3. 布置操作任务

（1）规范：

接令人或值长向监护人和操作人面对面布置操作任务，并交代操作过程中可能存在的危险点及控制措施。

格式：××（调度）有××个操作任务：

①……

②……

现在开始操作。

（2）注意点：

1）值长不在或没有值长，由接令人直接布置操作任务。

2）布置操作任务采用口头方式。

4. 复诵并核对签名

（1）规范：监护人（或操作人）复诵无误，接令人或值长发出"对，可以开始操作"命令后，监护人、操作人依次在操作票上［监护人］和［操作人］栏签名。

（2）注意点：接令人或值长为本操作监护人时，由操作人复诵。

5. 准备操作工器具

（1）规范：

1）准备扳头、手柄、短路片、防误装置普通钥匙等操作工具。

2）准备绝缘手套、绝缘靴、验电器、接地线、梯子等安全用具。

（2）注意点：预先明确的操作任务可提前准备。

6. 模拟预演

（1）规范：

1）监护人逐项唱票，操作人逐项复诵，检查所列项目的操作是否达到操作目的，核对操作正确。

2）根据操作票内容进行微机"五防"预演，核对正确后传票。

（2）注意点：微机"五防"传票可视作模拟预演。

五、接受调度正令，模拟预演

具体包括常规设备、后台监控设备。

1. 常规设备

（1）规范：

1）监护人根据操作票上设备命名，取下需操作设备钥匙，仔细核对钥匙上命名与操作票上设备命名相符。

2）在第一步开始操作前，由监护人发出"开始操作"命令，记录操作开始时间，并提示第一步操作内容。

3）操作人走在前，监护人走在后，到需操作设备现场。

4）操作人找到需操作设备命名牌，用手指该设备命名牌读唱设备命名。

5）监护人随操作人读唱默默核对该设备命名与操作票上设备命名相符后，发出"对"的确认信息。

6）由监护人核对设备状态与操作要求相符，此时操作人应保持在原位不动。

7）监护人将该步操作钥匙交给操作人，操作人核对钥匙上命名与操作设备命名相符。

（2）注意点：

1）钥匙包括开关指令牌、门锁钥匙、防误装置普通钥匙、电脑钥匙等。

2）如果是操作箱内或屏内设备，应先双方核对箱名或屏名正确，然后由操作人打开箱门或屏门，再次核对箱内或屏内命名。

2.后台监控设备

（1）规范：

1）在第一步开始操作前，由监护人发出"开始操作"命令，记录操作开始时间，并提示第一步操作内容。

2）操作人走在前，监护人走在后，到后台监控机前。

3）操作人进入操作画面，找到需操作设备的图标，用手指该设备的图标读唱设备命名。

4）监护人随操作人读唱默默核对该设备命名与操作票上设备命名相符后，发出"对"的确认信息。

5）双方核对设备状态与操作要求相符。

（2）注意点：操作过程中还需按操作界面提示多次核对设备命名。

六、逐项唱票复诵操作并勾票

具体执行操作包括以下内容。

（1）规范：

1）监护人按操作票的顺序，高声唱票。

2）操作人根据监护人唱票，手指操作设备高声复诵。

3）操作人根据复诵内容，对有选择性地操作应作模拟操作手势。

4）监护人核对操作人复诵和模拟操作手势正确无误后，即发"对，执行"的指令。

5）操作人打开防误闭锁装置。

6）操作人进行操作。

7）操作人、监护人共同检查操作设备状况，是否完全达到操作目的。

8）操作人及时恢复防误装置。

9）监护人在该步操作项打"√"。

10）监护人在原位置向操作人提示下步操作内容，再一起到下一步操作间隔（或设备）位置。

11）在该项任务全部操作完毕后，应核对遥信、遥测正常。

12）监护人在操作票上记录操作结束时间。

（2）注意点：

1）操作人手指设备原则规定：手动操作设备，手指操作设备命名牌；电动操作设备，手指操作按钮；后台监控机上操作设备，手指操作画面；检查设备状态，手指设备本身；装拆接地线，手指接地线导体端位置；操作二次设备，手指二次设备本身。

2）有选择性地操作是指具有方向性或选择性的操作，如手动操作隔离开关、按钮操作开关、切换片切换、电流端子切换等。

3）操作中防误闭锁装置失灵或操作异常时应按规定办理解锁手续。不准擅自更改操作票，不准随意解除闭锁装置。

4）因故中断操作后，在恢复时必须在现场重新核对当前步的设备命名并唱票、复诵无误后，方可继续操作。

5）操作中产生疑问或出现异常时，应立即停止操作并向发令人报告。查明原因并采取措施，待发令人再行许可后方可继续操作。

6）在操作过程中因故中断操作，其操作票中未执行的几项"打勾"栏盖"此项不执行"章，未执行的各页［操作任务］栏盖"作废"章，并在［备注］栏内注明中断原因。

7）由于设备原因不能操作时，应停止操作，检查原因，不能处理时应报告调度和生产管理部门。禁止使用短接线、顶接触器等非正常方法强行操作设备。如确因系统必须，则应由变电运行工区主任批准，必要时由单位总工程师批准，并记入运行日志。

七、向调度汇报操作结束及时间

具体包括汇报值长、汇报调度。

1. 汇报值长

（1）规范：

1）监护人向值长汇报操作情况及结束时间，并将操作票交给值长。

格式：××时××分，……操作完毕，情况正常，……。

2）值长检查操作票已正确执行。

（2）注意点：

1）值长不在或没有值长，监护人可向汇报调度的运行值班人员汇报，也可自己直接向调度汇报。

2）上述"（1）规范1）"中的时间为操作结束时间。

3）值长不在或没有值长，检查操作票应由汇报调度的运行人员进行。

4）如果调度多个正令任务一起下发，则允许将这些任务全部操作完毕后一并向值长汇报。

2. 汇报调度

（1）规范：

1）向当值调度汇报操作情况：开启录音机，互报所名、姓名。

格式：操作汇报，操作任务1.……，2.……，已操作完毕，时间：××点××分。

2）汇报人核对调度员复诵无误，即记录运行日志。

格式：××时××分，上述任务操作完毕，汇报××（调度）×××（调度员）。

（2）注意点：

1）汇报调度应由正值及以上岗位运行人员进行，原则上由原接正令人员向调度汇报。

2）上述"（1）规范1）、2）"中的时间为操作结束时间。

3）如果调度多个正令任务一起下发，应将这些任务全部操作完毕后一并向调度汇报。

4）操作任务（命令）执行完毕的时间、汇报，在运行日志上的记录，可接在接令任务的后面或下一行。

八、改正图板，签销操作票，复查评价

具体包括改正图板、盖章和记录、复查评价。

1. 改正图板

（1）规范：

1）操作人改正图板或将一次系统图对位，监护人监视并核查。

2）如果使用电脑钥匙操作，应将钥匙内操作信息回传。

（2）注意点：图板应包括控制屏上模拟小开关、一次模拟图等。

2. 盖章和记录

规范：

1）全部任务操作完毕后，由监护人在规定位置盖"已执行"章。

2）记录倒闸操作记录等相关内容。

3）将指令牌、钥匙、操作工具和安全用具等放回原处。

3. 复查评价

规范：

1）全部操作完毕后，值长宜检查设备操作是否全部正确。

2）值长宜对整个操作过程进行评价，及时分析操作中存在的问题，提出改进要求。

第二节 变电设备操作方法及检查要点

设备操作方法不正确或者检查不到位，会影响倒闸操作的进行及设备的运行状态。变电设备操作方法及检查要点各不相同，本节就典型变电设备的操作方法及检查要点做一些介绍。

一、断路器（开关）操作

具体包括 KK 开关操作、后台监控远方操作。

1. KK 开关操作

（1）操作方法：

1）双方一起来到需操作开关控制屏前。

2）监护人提示需操作开关，操作人找到需操作 KK 开关的操作手柄，手指并读唱设备命名。

3）监护人核对设备命名相符后，发出"对"的确认信息。

4）监护人核对开关操作钥匙正确后交给操作人，操作人再次核对正确。

5）操作人将操作钥匙放入 KK 开关的操作手柄内。

6）监护人唱票，操作人手指并复诵。

7）操作人做一个旋转开关操作手柄的模拟手势。

8）监护人发出"对，执行"命令。

9）操作人正确转动开关操作手柄。

10）双方核对灯光信号和表计指示正确。

11）操作人取出 KK 开关的操作手柄内的操作钥匙，交给监护人。

12）监护人在操作票上打钩。

13）监护人提示下步操作内容。

（2）检查要点：

1）检查、核对灯光信号和表计指示正确，测控屏接线图开关位置、线路电流，保证操作到位。

2）后台检查断路器位置、线路潮流，保证断路器分合闸到位。

3）现场检查断路器分合指示，保证操作到位。

4）现场检查断路器拐臂位置，保证断路器分合闸到位。

5）现场检查泄漏电流表读数，保证操作到位。

2. 后台监控远方操作

（1）操作方法：

1）双方来到监控机前，操作人打开需操作断路器的主接线画面。

2）监护人提示需操作断路器，操作人将鼠标置于需操作断路器图标上，手指并读唱设备命名。

3）监护人核对设备命名相符后，发出"对"的确认信息。

4）操作人点击断路器图标打开操作界面，双方分别输入用户名、口令，操作人输入断路器命名。

5）双方核对断路器（开关）命名、状态、操作提示等正确无误。

6）监护人唱票，操作人手指并复诵。

7）监护人发出"对，执行"命令。

8）操作人按下鼠标进行正式操作。

9）双方核对监控机上操作后提示信息、断路器变位、潮流变化等正确。

10）双方核对保护、测控屏上有关断路器操作信息正确。

11）监护人在操作票上打钩。

12）监护人提示下步操作内容。

（2）检查要点：

1）后台检查断路器位置、线路潮流，保证断路器分合闸到位。

2）检查、核对灯光信号和表计指示正确，测控屏接线图断路器位置、线路电流，保证操作到位。

3）现场检查断路器分合指示，保证操作到位。

4）现场检查断路器拐臂位置，保证断路器分合闸到位。

5）现场检查泄漏电流表读数，保证操作到位。

二、隔离开关操作

具体包括就地电动操作、就地手动操作、后台遥控操作。

1. 就地电动操作

（1）操作方法：

1）双方来到需操作隔离开关所属控制箱前，核对箱名正确。

2）监护人核对箱门钥匙正确后交给操作人，操作人再次核对后打开箱门。

3）操作人找到需操作隔离开关操作按钮，手指并读唱设备命名。

4）监护人核对设备命名相符后，发出"对"的确认信息。

5）监护人唱票、操作人手指并复诵。

6）操作人做一个按按钮的模拟手势。

7）监护人发出"对，执行"命令。

8）操作人按下按钮进行实际操作。

9）监护人远视操作无异常后，在操作票上打钩。

10）操作人关好箱门，并将钥匙交还给监护人。

11）监护人提示下步操作内容。

（2）检查要点：

1）对于剪刀式隔离开关，现场检查隔离开关拐臂过死点。

2）对于水平式隔离开关，现场检查隔离开关触头进入卡槽的三分之二及以上，隔离开关拐臂在同一条水平线上。

3）现场检查隔离开关行程，保证到位。

4）对于母线隔离开关，操作完毕后，母差保护屏上检查隔离开关位置显示正确。

5）后台检查隔离开关位置，保证隔离开关分合到位。

2. 就地手动操作

（1）操作方法：

1）双方来到需操作隔离开关的命名牌前。

2）操作人手指并读唱设备命名。

3）监护人核对设备命名相符后，发出"对"的确认信息。

4）监护人唱票，操作人复诵。

5）操作人做一个摇动手柄的模拟手势。

6）监护人发出"对，执行"命令。

7）监护人核对隔离开关钥匙正确后交给操作人，操作人再次核对后打开防误闭锁装置。

8）操作人摇动手柄进行实际操作。

9）双方一起对隔离开关进行逐相检查，检查三相确已操作到位。

10）操作人恢复防误闭锁装置。

11）监护人检查操作无异常后，在操作票上打钩。

12）监护人提示下步操作内容。

（2）检查要点：

1）对于剪刀式隔离开关，现场检查隔离开关拐臂过死点。

2）对于水平式隔离开关，现场检查隔离开关触头进入卡槽的三分之二及以上，隔离开关拐臂在同一条水平线上。

3）现场检查隔离开关行程，保证到位。

4）对于母线隔离开关，操作完毕后，母差保护屏上检查隔离开关位置显示正确。

5）后台检查隔离开关位置，保证隔离开关分合到位。

3. 后台监控远方操作

（1）操作方法：

1）双方来到监控机前，操作人打开需操作隔离开关的主接线画面。

2）操作人将鼠标置于需操作隔离开关图标上，手指并读唱设备命名。

3）监护人核对设备命名相符后，发出"对"的确认信息。

4）操作人点击隔离开关图标打开操作界面，双方分别输入用户名、口令，操作人输入隔离开关命名。

5）双方核对隔离开关命名、状态、操作提示等正确无误。

6）监护人唱票，操作人手指并复诵。

7）监护人发出"对，执行"命令。

8）操作人按下鼠标进行正式操作。

9）双方核对监控机上操作后提示信息、隔离开关变位等正确。

10）监护人在操作票上打钩。

11）监护人提示下步操作内容。

（2）检查要点：

1）对于剪刀式隔离开关，现场检查隔离开关拐臂过死点。

2）对于水平式隔离开关，现场检查隔离开关触头进入卡槽的三分之二及以上，隔离开关拐臂在同一条水平线上。

3）现场检查隔离开关行程，保证到位。

4）对于母线隔离开关，操作完毕后，母差保护屏上检查隔离开关位置显示正确。

5）后台检查隔离开关位置，保证隔离开关分合到位。

三、接地线操作

具体包括装设接地线、拆除接地线。

1. 装设接地线

（1）操作方法：

1）双方来到需装设接地线设备处，操作人找到悬挂接地线的指定接地桩头和导体端，手指并读唱装设位置。

2）监护人核对装设位置相符后，发出"对"的确认信息。

3）操作人准备梯子和安全用具。

4）监护人唱票，操作人复诵。

5）监护人发出"对，执行"命令。

6）操作人用电脑钥匙打开接地端锁具。

7）操作人装设接地线接地端。

8）操作人逐相装设接地线导体端。

9）监护人检查接地线悬挂符合要求，在操作票中填入接地线编号并打钩。

10）监护人提示下步操作内容。

（2）检查要点：

1）检查接地线装设位置，确保正确。

2）操作人应按照先近后远的次序逐相装设接地线导体端。

3）装设接地线，先装接地端，再装导体端。

4）监护人用手轻微向下拉接地线，保证接地线夹头不会下坠。

2. 拆除接地线

（1）操作方法：

1）双方来到需拆除接地线设备处，操作人找到需拆除的接地线，手指并读唱装设位置和接地线编号。

2）监护人核对装设位置和接地线编号相符后，发出"对"的确认信息。

3）操作人准备梯子和安全用具。

4）监护人唱票，操作人复诵。

5）监护人发出"对，执行"命令。

6）操作人用电脑钥匙打开接地端锁具。

7）操作人逐相拆除接地线。

8）操作人拆除接地线接地端。

9）监护人检查接地线拆除符合要求，并在操作票上打钩。

10）监护人提示下步操作内容。

（2）检查要点：

1）检查接地线拆除位置，确保正确。

2）操作人应按照先远后近的次序逐相拆除接地线。

3）拆除接地线，先拆导体端后，再拆接地端，最后将接地端锁具上锁。

四、手车开关

具体包括热备用改冷备用、冷备用改热备用、移交状态（冷备用）改工作状态 1、工作状态 1 改移交状态（冷备用）。

1. 热备用改冷备用

（1）操作方法：

1）双方来到需操作手车开关柜前。

2）操作人手指柜门上命名牌并读唱设备命名。

3）监护人核对设备命名相符后，发出"对"的确认信息。

4）监护人核对钥匙正确后交给操作人，操作人再次核对后打开遥孔门。

5）监护人唱票，操作人复诵。

6）操作人做一个摇手车的模拟手势。

7）监护人发出"对，执行"命令。

8）操作人将手车摇至试验位置，并锁上遥孔门。

9）监护人检查手车开关正确就位后，在操作票上打钩。

10）监护人提示下步操作内容。

（2）检查要点：

1）操作前，应先检查开关确在分闸位置。

2）摇到试验位置后，检查开关柜上柜门试验位置指示灯亮。

3）摇到试验位置后，检查开关柜上柜门主接线图手车位置显示正确。

2. 冷备用改热备用

（1）操作方法：

1）双方来到需操作手车开关柜前。

2）操作人手指柜门上命名牌并读唱设备命名。

3）监护人核对设备命名相符后，发出"对"的确认信息。

4）监护人核对钥匙正确后交给操作人，操作人再次核对后打开遥孔门。

5）监护人唱票，操作人复诵。

6）操作人做一个摇手车的模拟手势。

7）监护人发出"对，执行"命令。

8）操作人将手车摇至工作位置，并锁上遥孔门。

9）监护人检查手车开关正确就位后，在操作票上打钩。

10）监护人提示下步操作内容。

（2）检查要点：

1）摇到工作位置后，检查开关柜上柜门工作位置指示灯亮。

2）摇到工作位置后，检查开关柜上柜门主接线图手车位置显示正确。

3．移交状态（冷备用）改工作状态 1

（1）操作方法：

1）双方来到需操作手车开关柜前。

2）操作人手指柜门上命名牌并读唱设备命名。

3）监护人核对设备命名相符后，发出"对"的确认信息。

4）监护人核对钥匙正确后交给操作人，操作人再次核对后打开前柜门。

5）双方核对手车上命名正确。

6）监护人唱票，操作人复诵。

7）操作人做一个拉出手车的模拟手势。

8）监护人发出"对，执行"命令。

9）操作人将手车拉至柜外位置。

10）操作人将钥匙交还给监护人。

11）监护人检查手车开关正确就位后，在操作票上打钩。

12）监护人提示下步操作内容。

（2）检查要点：将开关手车拉至柜外之前，先取下二次插件。

4．工作状态 1 改移交状态（冷备用）

（1）操作方法：

1）双方来到需操作手车开关柜前。

2）操作人手指柜门上命名牌并读唱设备命名。

3）监护人核对设备命名相符后，发出"对"的确认信息。

4）监护人核对钥匙正确后交给操作人，操作人再次核对后打开柜门。

5）双方核对手车上命名正确。

6）监护人唱票，操作人复诵。

7）操作人做一个推手车的模拟手势。

8）监护人发出"对，执行"命令。

9）操作人将手车拉至冷备用位置，并合上定位钩。

10）操作人将钥匙交还给监护人。

11）监护人检查手车开关正确就位后，在操作票上打钩。

12）监护人提示下步操作内容。

（2）检查要点：将开关手车推至冷备用位置之前，先放上二次插件。

五、二次设备操作

具体包括大电流切换端子、压板、微机保护改定值。

1. 大电流切换端子

（1）操作方法：

1）双方来到需操作电流切换端子所属屏柜前，核对屏柜名称正确。

2）监护人核对屏柜门钥匙正确后交给操作人，操作人再次核对后打开屏柜门。

3）操作人找到需操作电流切换端子，手指并读唱设备命名。

4）监护人核对设备命名相符后，发出"对"的确认信息。

5）监护人唱票，操作人复诵。

6）操作人做一个切换端子的模拟手势。

7）监护人发出"对，执行"命令。

8）操作人切换电流端子。

9）监护人检查端子切换符合要求后，在操作票上打钩。

10）操作人关好屏柜门，并将钥匙交还给监护人。

11）监护人提示下步操作内容。

（2）检查要点：

1）监护人用手尝试拧电流切换端子，确保拧紧。

2）电流切换端子可能在屏柜内，也有可能在端子箱内，视设备而定。

3）切换电流端子应三相同时切换。

2. 压板

（1）操作方法：

1）双方来到需操作压板所属保护屏前，核对屏名正确。

2）监护人核对屏门钥匙正确后交给操作人，操作人再次核对后打开屏门。

3）操作人找到需操作压板，手指并读唱设备命名。

4）监护人核对设备命名相符后，发出"对"的确认信息。

5）监护人唱票，操作人复诵。

6）操作人做一个压板取放的模拟手势。

7）监护人发出"对，执行"命令。

8）操作人取放压板。

9）监护人检查压板位置正确。

10）双方检查各类变位信息正常。

11）监护人在操作票上打钩。

12）操作人关好端子屏门，并将钥匙交还给监护人。

13）监护人提示下步操作内容。

（2）检查要点：

1）监护人用手尝试拨压板，确保压板连接牢固。

2）对于跳闸出口压板，应测量两端无压后方可放上。

3. 微机保护改定值

（1）操作方法：

1）双方来到需更改定值保护屏前，核对屏名正确。

2）监护人核对屏门钥匙正确后交给操作人，操作人再次核对后打开屏门。

3）操作人找到需更改定值的保护装置，手指并读唱设备命名。

4）监护人核对设备命名相符后，发出"对"的确认信息。

5）操作人打开保护装置外罩或箱门。

6）监护人唱票，操作人复诵。

7）监护人发出"对，执行"命令。

8）操作人按规范进行定值修改。

9）监护人核对定值。

10）监护人在操作票上打钩。

11）操作人关好装置外罩或箱门和保护屏门。

12）监护人提示下步操作内容。

（2）检查要点：

1）必要时监护人应手拿定值单，便于核对。

2）必要时应打印定值单进行核对。

第三节　后台操作流程及注意事项

变电设备的某些操作，是通过后台遥控操作来完成，例如综自变电站的开关分合操作，智能变电站的开关、隔离开关、压板的普控操作和顺控操控操作等。本节就后台普控操作和后台顺控操作流程及注意事项做一些介绍。

一、后台普控操作

（1）操作方法：

1）双方来到后台机前，操作人打开需操作设备的画面。

2）操作人将鼠标置于需操作设备图标上，手指并读唱设备命名。

3）监护人核对设备命名相符后，发出"对"的确认信息。

4）操作人点击设备图标打开操作界面，双方分别输入用户名、口令，操作人输入设备命名。

5）双方核对设备命名、状态、操作提示等正确无误。

6）监护人唱票，操作人手指并复诵。

7）监护人发出"对，执行"命令。

8）操作人按下鼠标进行正式操作。

9）双方核对后台机上操作后提示信息、设备变位等正确。

10）监护人在操作票上打钩。

11）监护人提示下步操作内容。

（2）注意事项：

1）具备间隔界面操作的必须进入间隔界面进行操作。

2）操作前，确认操作设备正确，"五防"电脑钥匙在远方操作位置，"五防"主机与监控后台通信正常，监控系统、远动系统通信正常。

3）操作前检查光字信息是否正常，信息告警窗内信息是否正常，不正常时要先分析原因，排除异常信息。

4）操作执行后先检查本界面内的设备变位信息，电压、电流遥测信息及光字信息是否正常，再检查信息告警窗内是否有异常信息，后台检查无异常告警信息。

5）现场检查设备的实际位置，软压板除外。

二、后台顺控操作

（1）操作方法：

1）双方来到后台机前，操作人打开顺控界面。

2）操作人将鼠标置于"操作任务"上，手指并读唱"操作任务"。

3）监护人核对"操作任务"相符后，发出"对"的确认信息。

4）操作人点击"操作任务"，双方分别输入用户名、口令。

5）双方核对"操作任务"提示、状态、步骤等正确无误。

6）操作人点击"预演"。

7）预演完毕后，监护人唱票，操作人手指并复诵。

8）监护人发出"对，执行"命令。

9）操作人按下鼠标进行正式操作。

10）双方核对后台机上操作后提示信息、设备变位等正确。

11）监护人在操作票上打钩。

12）监护人提示下步操作内容。

（2）注意事项：

1）操作前，确认本操作任务是否能用顺控操作。

2）操作前检查光字信息是否正常，信息告警窗内信息是否正常，不正常时要先分析原因，排除异常信息。

3）操作前，应检查所填写的操作票与程序软件调用操作票步骤一致。

4）顺控执行后先检查本界面内的设备变位信息，电压、电流遥测信息及光字信息是否正常，再检查信息告警窗内是否有异常信息，后台检查无异常告警信息。

5）现场检查设备的实际位置，软压板除外。

6）遇到变电站事故处理等情况，严禁使用有顺控操作功能。

7）实现顺控票内所有顺控操作为典型操作，在特殊运方下谨慎使用。

第五章

工作票流程

第一节　作 业 流 程

一、工作票执行基本条件（简称"六要"）

1. 要有批准公布的工作票签发人和工作负责人名单

（1）工作票签发人应经单位主管生产领导批准，每年审查并以正式文件公布。

（2）工作负责人应经工区（所、公司）生产领导批准，每年审查并以正式文件公布。

（3）修试及基建单位的工作票签发人和工作负责人名单应事先送设备运行管理单位备案。

2. 要有批准公布的工作许可人员名单

（1）工作许可人应经工区（所、公司）生产领导批准，每年审查并以正式文件公布。

（2）跟班实习运行值班人员经上级部门批准后，允许在工作许可人的监护下进行简单的第二种工作。

（3）许可第一种工作票应由正值及以上资格运行值班人员担任。

3. 要有明显的设备现场标志和相别色标

（1）所有电气设备（包括五小箱）均必须有规范、醒目的命名标志。

（2）现场一次设备要有相应调度命名的设备名称和编号。

（3）现场一次设备要有相别色标。

4. 要有合格的现场作业工作票

（1）在电气设备上工作，应填用合格的工作票。

（2）事故应急抢修可不用工作票，但应用事故应急抢修单。

5. 要有明确的调度许可指令

（1）调度管辖设备工作，应有明确的调度许可指令。

（2）变电站自行调度设备或管辖区域工作，应有明确的运行值班负责人的许可指令。

6. 要有完备的现场安全措施

（1）工作现场应有符合实际的正确完备的安全措施。

（2）安全措施应在工作许可前全部实施完毕。

二、工作票执行禁止事项（简称"七禁"）

1. 严禁无工作票作业

（1）严禁不使用工作票进行现场作业。

（2）严禁不使用事故应急抢修单进行现场事故应急抢修。

2. 严禁未经许可先行工作

（1）工作票未经许可，工作人员不得进入作业现场，不允许开始工作。

（2）工作间断后，次日复工时未经工作许可人许可，工作人员不得进入作业现场，不允许开始工作。

3. 严禁擅自变更安全措施

（1）运行值班人员和工作班成员均不得擅自变更工作现场安全措施。

（2）工作中确因特殊情况需要变更现场安全措施时，应先取得对方的同意（根据调度员指令装设的接地线，应征得调度员的许可），并将变更情况记录在运行日志内。

4. 严禁擅自试加系统工作电压

（1）在检修工作结束前，严禁擅自对检修设备试加系统工作电压。

（2）确因工作需要对检修设备试加系统工作电压时，应将全体工作人员撤离工作地点，收回工作票，采取相应安全措施，并在工作负责人和运行值班人员全面检查无误后方可进行。

（3）试加系统工作电压由运行值班人员操作。

（4）加压完毕，工作班仍需继续工作时，应重新履行工作许可手续。

5. 严禁随意超越批准的检修作业时间

（1）工作票有效时间以批准的检修期为限，严禁超期工作。

（2）确因故未能按期完工时，应在工期尚未结束前办理工作票延期手续。

6. 严禁未经验收结束工作票

（1）全部工作完毕后，应经运行值班人员验收合格，并将设备恢复至运行值班人员许可时状态，方可结束工作票。

（2）对于无人值班变电站部分简单工作允许未经验收结束工作票的规定，由各单位主管生产的领导批准。

7. 严禁擅自合闸送电

（1）在未办理工作票终结手续前，任何人员不准将停电设备合闸送电。

（2）在工作间断期间，若有紧急需要，运行值班人员可在工作票未交回的情况下合闸送电，但应先通知工作负责人，在得到工作班全体人员已经离开工作地点、可以送电的答复，并采取相应安全措施后方可合闸送电。

三、工作票执行基本步骤（简称"八步"）

第一步：收到并审核工作票；

第二步：接受调度工作许可；

第三步：布置临时安全措施；

第四步：核对安全措施、许可工作票；

第五步：办理工作过程中相关手续；

第六步：设备验收，工作终结；

第七步：拆除临时安全措施，汇报调度；

第八步：终结工作票。

四、工作票流程细则

1. 收到审核

（1）运行值班人员在收到工作票时，必须及时审核。如发现工作票不符合要求，确认无效，应立即通知工作票签发人重新签发；如确认工作票有效，填写收到时间并签名。

（2）在运行日志中记录：收到时间、工作票签发人姓名和编号。

格式：××时××分，收到由××（签发人）签发的××（编号）工作票。

（3）将未开工工作票分类保管。

备注：

（1）变电第一种工作票应在工作前一日预先送达运行值班人员，可直接送达或通过传真、局域网传送；变电第二种工作票可在进行工作的当天预先交给工作许可人。传真的工作票不能直接使用，应在正式工作票到达后再许可；局域网传送的工作票可直接打印后使用。

（2）在工作许可前，工作票重新填写后，收到人应按实际时间填写并签名。

（3）临时工作，可在工作开始前直接交给工作许可人，并在［备注］栏说明原因。

2. 调度许可

（1）开启录音设备，互报所名（或站名）、姓名。

格式：××变电站（或集控站），×××。

（2）将调度许可内容记录在运行日志中。

格式：××时××，××（调度）×××（调度员）许可××××（具体工作）可以开始。

××线路为××状态。

备注：

（1）对下列情况，调度员应向运行值班人员说明，并在运行日志中做好记录：在下达许可线路断路器检修工作的指令时，应说明该线路的状态（运行、冷备用、检修）；在下达变电站许可单母线检修的指令时，应说明连接于该母线上的每条线路的状态。

（2）对于不属于调度管辖的设备，运行值班人员可直接许可。

3. 布置安全措施

（1）运行值班人员按照工作票的安全措施要求悬挂标示牌、装设围栏等。

（2）值班负责人和工作许可人共同检查现场安全措施正确完备。

（3）工作许可人核对接地线编号后，在工作票上填写"已装接地线"编号。

（4）工作许可人按规定在工作票［补充工作地点保留带电部分和安全措施］栏目中填写工作地点保留带电部分内容及安全注意事项。

4. 工作许可

（1）工作许可人会同工作负责人到现场共同检查所做的安全措施，指明具体设备的实际隔离措施，证明检修设备确无电压，并在工作票安全措施［已执行］栏中逐项打"√"。

（2）工作许可人向工作负责人指明保留带电设备的位置和工作过程中的注意事项，交代清楚［补充工作地点保留带电部分和安全措施］栏目内容。

（3）双方确认无误后，许可人填写许可开始工作时间，工作许可人和工作负责人在工作票上分别确认签名。

（4）许可手续完成后，工作许可人将负责人联交给工作负责人，值班员联由运行值班人员收执。

（5）在运行日志中记录：许可时间、工作负责人、工作票编号和主要工作内容。

格式：××时××分，许可×××（负责人）负责的××（编号）工作票。其主要工作内容为××××。

（6）在工作票记录中记录：按格式填写序号、工作票编号、设备名称、工作内容（如同一设备工作内容较多，可填写其中的主要内容）、工作负责人、许可开始工作时间和工作许可人姓名等栏目。

备注：

（1）运行值班人员不得变更有关检修设备的运行接线方式，工作负责人、工作许可人任何一方不得擅自变更安全措施，工作中如有特殊情况需要变更时，应先取得对方的同意，变更情况记录在运行日志内。

（2）原则上要求该许可人与执行安全措施时的许可人为同一人。如不一致，则该工作许可人在许可前必须对安全措施重新检查一遍。

5. 工作过程

（1）工作许可。

1）当天工作中途间断时，工作班人员从工作现场撤出，所有安全措施保持不动，工作票负责人联仍由工作负责人执存，间断后继续工作，无需通过工作许可人。

2）每日收工，工作负责人应组织工作人员清扫工作地点，开放已封闭的通道，并将工作票负责人联交给运行值班人员，在工作票上填写收工时间，并由工作负责人和工作许可人双方签名。办理手续后，运行值班人员在运行日志中记录收工时间、工作负责人姓名和工作票编号。

格式：××时××分，×××（负责人）负责的××（编号）工作票收工。

3）次日复工，工作许可人在工作票上填写开工时间并由工作负责人和工作许可人双方签名，然后将工作票负责人联交还工作负责人。工作负责人得到工作许可后，应重新认真检查安全措施符合工作票的要求，并召开现场站班会后，方可开始工作。运行值班人员在运行日志中记录：开工时间、工作负责人姓名和工作票编号。

格式：××时××分，×××（负责人）负责的××（编号）工作票开工。

备注：

1）运行值班人员不得变更有关检修设备的运行接线方式，工作负责人、工作许可人任何一方不得擅自变更安全措施，工作中如有特殊情况需要变更时，应先取得对方的同意，变更情况记录在运行日志内。

2）原则上要求该许可人与执行安全措施时的许可人为同一人。如不一致，则该工作许可人在许可前必须对安全措施重新检查一遍。

（2）工作间断。

1）当天工作中途间断时，工作班人员从工作现场撤出，所有安全措施保持不动，工作票负责人联仍由工作负责人执存，间断后继续工作，无需通过工作许可人。

2）每日收工，工作负责人应组织工作人员清扫工作地点，开放已封闭的通道，并将工作票负责人联交给运行值班人员，在工作票上填写收工时间，并由工作负责人和工作许可人双方签名。办理手续后，运行值班人员在运行日志中记录收工时间、工作负责人姓名和工作票编号。

格式：××时××分，×××（负责人）负责的××（编号）工作票收工。

3）次日复工，工作许可人在工作票上填写开工时间并由工作负责人和工作许可人双方签名，然后将工作票负责人联交还给工作负责人。工作负责人得到工作许可后，应重新认真检查安全措施符合工作票的要求，并召开现场站班会后，方可开始工作。运行值班人员在运行日志中记录：开工时间、工作负责人姓名和工作票编号。

格式：××时××分，×××（负责人）负责的××（编号）工作票开工。

备注：

1）在未办理工作票终结手续以前，任何人员不准将停电设备合闸送电。

2）这里的工作许可人并非一定是该工作票原工作许可人，而是指有权许可工作的运行值班人员。

（3）工作班成员变动。

1）仅需工作负责人同意并在工作票负责人联办理手续即可，无需通过运行值班人员。

2）工作负责人应在工作票负责人联填写变动人员姓名、日期和时间，并签名。

备注：工作负责人应对新工作人员进行安全交底。

（4）工作负责人变动。

1）变更工作负责人应由原工作票签发人向值班负责人（或工作许可人）提出，并在工作票中填写变动人员、变动时间并签名。

2）原工作票签发人不在现场而需变更工作负责人时，应由原工作票签发人设法（采用电话等手段）通知值班负责人（或工作许可人），并指定人员代替原工作票签发人在工作票中填写变动人员、变动时间及签名，并在［备注］栏注明代签人员姓名。

备注：

1）值班负责人（或工作许可人）在办理前应重新确认新工作负责人的资格。

2）工作负责人允许变更一次，原、现工作负责人应对工作任务和安全措施进行交底。

（5）工作票延期。

1）在工期尚未结束前，由工作负责人向值班负责人提出申请（属于调度管辖、许可的检修设备，还应通过值班调度员批准）。

2）由值班负责人通知工作许可人给予办理，在工作票上填写有效期延长时间，并由工作负责人和许可人双方签名并填写时间。

备注：工作票只能延期一次，否则必须将原工作票结束后，重新办理工作票。

（6）接地措施临时变动。

1）高压回路上工作，需要拆除全部或一部分接地线或拉开接地开关后才能工作的，由工作负责人向运行值班人员提出，经值班负责人同意，并在运行日志中记录。

格式：××时××分，应×××（工作负责人）要求，拆除（或拉开）……接地线（接地开关）。

2）工作完毕恢复原来状态后，工作负责人和值班员应共同核对名称、编号、位置正确。

3）运行值班人员在运行日志中记录。

格式：××时××分，拆除（或拉开）……已恢复。

备注：

1）根据调度员指令装设的接地线变动，值班负责人应征得调度员的许可。

2）接地措施临时变动未恢复前，交接班时应交代清楚。

（7）工作内容增加。

1）在原工作票的停电范围内增加工作任务时，由工作负责人在征得工作票签发人同意后向运行值班人员提出，征得值班负责人（或工作许可人）同意，在工作票中填入增加的工作任务，并注明"增补：……"字样。

2）工作负责人应根据增加工作任务需要，在工作票中相应填写工作班、工作人员变动等栏目内容。

3）运行值班人员应将详细情况记录在运行日志中。

格式：××时××分，在×××（负责人）负责××（编号）工作票中增加下列工作任务：……。

4）运行值班人员在工作票记录中增加相应内容。

备注：需变更或增设安全措施时应填用新的工作票，并重新履行工作许可手续。

6. 工作终结

（1）工作负责人（或小班工作负责人）在检修记录中做好记录，写清所修试验项目、发现的问题、试验结果、存在问题和是否可以投运的结论，并由总工作负责人签名。

（2）运行值班人员随带工作票值班员联与工作负责人（或小班工作负责人）共同验收设备，检查有无遗留物，现场是否清洁，核对设备状态和安全措施恢复到工作许可时状态，并向工作负责人了解检修试验项目、发现的问题、试验结果和运行中注意事项，收回所借用的钥匙（在专用记录簿上办理归还手续）。

（3）运行验收人在检修记录中填写验收意见并签名。

（4）工作负责人在工作票中填写工作结束时间并签名，然后由工作许可人签名，宣告工作终结，并将工作票负责人联交工作负责人。

（5）运行值班人员在运行日志中记录工作终结时间、工作负责人、工作票值班员编号。

格式：××时××分，结束×××（负责人）负责××（编号）工作票。

备注：

（1）检修记录包括一次设备修试记录、继保及自动装置检修记录、仪表工作记录。

（2）全部工作完毕未验收前，工作班应清扫、整理现场，并经工作负责人周密检查合格后，全体工作人员撤离现场。

（3）如设备或二次回路变动，在验收前工作负责人应修改竣工图，填写修改日期并签名。

7. 汇报记录

（1）运行值班人员拆除工作票上的临时遮栏、标示牌，恢复常设遮栏和标示牌。

（2）将工作结束情况汇报调度（开启录音、互报所名和姓名），特殊情况应向调度汇报清楚。

格式：××时××分，……工作已全部结束，可以投运。

（3）调度复诵，运行值班人员核对正确无误。

（4）在运行日志中记录汇报调度内容。

格式：××时××分，由×××（负责人）负责的××（编号）工作已全部结束，汇报××（调度）×××（调度员）。

（5）在工作票记录中记录工作结束时间并签名。

（6）根据检修记录中内容和验收情况，核对并消除设备缺陷。

备注：

（1）对于不属于调度管辖的设备，运行值班人员可不汇报调度。

（2）如涉及执行新整定单，运行值班人员应在新整定单上填写实际执行时间并签名。

8. 票面终结

（1）在工作票中填写未拆除接地线编号、组数和未拉开接地开关副数，并签姓名和日期。

（2）检查工作票执行正确。

（3）在工作票值班员联指定位置盖"已执行"章。

（4）将终结后的工作票值班员联存档。

备注：盖"已执行"章的位置由各单位自行统一。

五、补充细则

1. 总分工作票使用管理规定

（1）第一种工作票所列工作地点超过两个或有两个及以上不同的工作单位（班组）在一起工作时，可采用总工作票和分工作票。

（2）总、分工作票应由同一个工作票签发人签发，总、分工作票在格式上与第一种工作票一致。

（3）总工作票上所列的安全措施应包括所有分工作票上所列的安全措施。

（4）几个班同时进行工作时，总工作票的工作班成员栏内，只填明各分工作票的负责人，不必填写全部工作人员姓名。分工作票上要填写工作班人员姓名。

（5）分工作票应一式两份，由总工作票负责人和分工作票负责人分别收执。分工作票的许可和终结，由分工作票负责人与总工作票负责人办理。分工作票必须在总工作票许可后才可许可；总工作票必须在所有分工作票终结后才可终结。分工作票由检修单位总工作票负责人向分工作票负责人许可后分别签名。

（6）总工作票负责人负责总工作票全部工作内容、安全措施和工作安全，分工作票负责人只负责分工作票的工作内容、安全措施和工作安全。

（7）分工作票负责人的变更必须得到总工作票负责人同意；工作人员的变更必须得到分工作票工作负责人的同意确认，变更情况应填写在工作票相应栏内。

（8）总工作票的安全措施必须满足变电站集中检修工作和全部分票所

需要的安全措施要求。总票工作许可人依据总工作票的要求实施安全措施。分工作票［补充安全措施及注意事项］栏主要填写总工作票安全措施中未反映并需要强调补充的内容，具体填写内容可按总票安全措施执行。

（9）分工作票工作结束后，分工作票负责人向总工作票负责人汇报并按规定办理分工作票工作终结手续，但不得改变总工作票安全措施，并把分工作票交回总工作票负责人。

（10）总、分工作票应按规定实行统一编号，并一一对应，分工作票编号由总工作负责人填写，如总工作票编号为金华-金华变-2013-01-BI-01，则分工作票编号为金华-华金变-2018-01-BI-01-0X，依次类推。

（11）运行人员在总工作票许可后在运行日志上注明共有几张分工作票。

2. 电话许可

无人值班变电站遇有无需任何操作且不影响安全运行和远方监控的下列工作，可采用电话许可方式进行，包括：

（1）在自动化装置，通信、计算机及网络设备上的工作。

（2）低压照明、检修电源回路工作。

（3）电气测量、计量等设备的校验、维护工作。

（4）高压设备带电测试、红外测温、充油充气设备取样测试工作。

（5）电子围栏报警装置、消防设施、图像监控、环境治理、货物装卸工作。

（6）未接入运行设备的备用间隔二次设备及回路工作。

（7）连续多日的工作次日复工。

电话许可工作票时必须遵循下列规定：

（1）许可工作必须按工作票制度、工作许可制度执行，同时须得到工作许可人和工作负责人双方认可。

（2）办理许可手续时，通话内容双方必须全部录音。

（3）工作票许可手续和安全措施由工作负责人代为填写和实施，并在备注栏中注明"电话许可"。电话许可的工作票由双方各自打印并互代签名。

（4）电话许可后，工作负责人应重新认真检查安全措施是否符合工作票的要求，并召开现场站班会后，方可工作。

（5）工作过程中发现异常情况，工作负责人应电话告知运维班当值，运维班应立即派人赶到工作现场进行处理。

（6）工作结束后，运维班应在三天内完成补验收并填写验收意见。

3. 其他补充规定

（1）工作票有破损不能继续使用时，应补填新的工作票，并重新履行签发许可手续；工作票可按自然月度使用，月底前终结，也可以跨月使用。跨月使用时，应将该工作票纳入终结月度考核装订。

（2）关于检修后设备状态交接验收卡的填写：待工作间隔一次设备有工作，而二次设备无工作，验收卡只需列出间隔内一次设备的状态交接验收核对内容（包括工作票中的补充安全措施相关设备状态的内容）；若二次设备有工作（及保护就地配置时），待工作间隔内对应一、二次设备的状态交接验收核对项目均应列入验收，具体按本单位有关办法执行。

（3）设备检修后状态交接验收卡应视为主票的一部分，随主票附后装订，一同评价考核并在［备注］栏内盖"已执行"章。

（4）由项目主管部门组织的运行变电站设备验收工作，应使用第二种工作票，工作票由施工单位签发并担任工作负责人。如因设备验收需要装设接地线，应在运行人员监护下由施工人员挂、拆，并在工作票［备注］栏内注明。

（5）新设备带电冲击后遇有变电设备故障的缺陷处理，应填写工作票。在运行变电站中对扩建、技改后新设备投运时的核相和带负荷试验等工作，均应履行工作票手续，严格执行工作票制度。

（6）在变电站内做线路工参测试工作：未投运线路做工参测试使用第二种工作票，已投运改造后的线路做工参测试应使用第一种工作票。工作票由施工单位签发，承发包工程采用双签发。

（7）在已许可的停电范围内工作，若需变更安全措施，按下列情况执行：

1）因现场工作需要，在已完成工作票安全措施的前提下，不改变设备状态只需改变接地方式（接地线、接地开关）时，应在运行人员监护下由工作人员实施；工作票终结前，在运行人员监护下由工作人员恢复原接地方式。有关变动情况应在值班日志和工作票〔备注〕栏做好记录。

2）因现场工作需要，拆除接地线、拉开接地开关方能工作时（高压试验、中置柜做传动试验等），应由工作负责人向运行人员提出，并经值班负责人同意（根据调度员指令装设的接地开关或接地线，应征得当值调度员的许可），由运行人员负责实施；如果实施过程中有困难，可以由运行人员负责监护，工作人员负责实施。有关变动情况应在值班日志和工作票〔备注〕栏做好记录。相关工作完毕，由工作负责人向运行人员提出，由运行人员恢复接地，工作负责人和运行人员共同核对无误后，在值班日志和工作票〔备注〕栏做好记录，双方签名确认。

第二节　各环节办理详解及注意事项

一、一般规定

（1）按照《国家电网公司电力安全工作规程　变电部分》和国网金华供电公司变电工作票管理规定实施细则（金电安〔2018〕215 号）应使用工作票的工作，严禁无票作业。对于下列没有可能涉及运行设备的工作可不使用工作票，但至少应由两人进行（单独巡视除外），并履行告知运行值班员的手续：

1）非生产区域❶的低压照明回路上工作。

2）非生产区域的房屋维修。

3）非生产区域的装卸车作业。

4）设备全部安装在户内的变电站，在对户外树木、花草、生活用水

---

❶ 非生产区域是指已设置隔离围栏的生活区域且上方无任何输变电设备及控制大楼内除主控室监控系统、主控室照明系统和设在主控楼内的继保室、蓄电池室、通信机房以外的其他办公场所或设施的区域。

（电）设施等进行维护。

5）具备单独巡视变电站资质的人员巡视变电站；专业人员进入变电站进行专业巡视或踏勘设备。

6）在变电站户内外动力电源箱内接、拆临时电源引线时，无需填用工作票，此类工作按检修工作负责人口头申请执行，但应在运行当值人员指定的地点接、拆电源线，运行当值人员在值班日志上做好记录。

（2）工作票通过生产管理系统（以下简称 PMS 系统）填写，原则上不使用手工填写。确因网络中断、事故抢修、紧急缺陷处理等特殊情况，可以手工填写，但票面应采用 PMS 系统中的格式，内容填写符合规定，事后应在 PMS 系统中补票。工作票使用 A3 或 A4 纸印刷或打印。

（3）工作票应实行编号管理。通过公司内域网传递的工作票，应有PMS 系统认证的签名。

（4）工作票使用黑色或蓝色的钢（水）笔或圆珠笔逐项填写，票面清楚整洁，并不得任意涂改。工作票中时间、编号及设备名称、动词（如拉、合、拆、装等）、状态词（如合闸、分闸、热备用、冷备用等）等关键字不得涂改。

（5）工作票由工作负责人填写，也可以由工作票签发人填写。各级专职安监人员不应签发工作票。原则上工作票由工作票签发人填写并签发，工作负责人也可在工作票签发人口头或电话命令下填写。

（6）执行完成的工作票应在指定位置（工作票左上角虚线框处）盖"已执行"章；填写错误或因故不能开工的工作票应在指定位置盖"作废"或"不执行"章。

（7）工作票所列人员的基本条件。

1）工作票签发人：

a. 应熟悉工作班人员技术水平、设备状况、规程规定，具有相关电气工作经验，由工区（所、公司）分管领导、技术人员或经单位生产领导批准的人员担任。

b. 每年应通过技术业务、安全规程、工作票管理规定、工作票签发等相关内容的考试，合格后经单位安监部门审查、生产领导批准后，以书面形式公布。

c. 若为外包工程，则由外包单位在开工前填写外包工程人员资质审批单，将工作票签发人（仅适用于变电双签发人员）以及最近一次《国家电网公司电力安全工作规程　变电部分》等相关安全知识考试成绩等有关资料，报发包方项目主管部门签署意见和盖章，并经安监部门审核后，由项目主管部门在开工前三天将此审批单及相关资料交与工程相关的单位。

d. 带电作业工作票签发人应由具有带电作业资格、带电作业实践经验的人员担任。

2）工作负责人、工作许可人：

a. 工作负责人应具备相关岗位技能要求，还应有相关实际工作经验和熟悉工作班成员的工作能力。

b. 工作许可人应由一定工作经验的运行人员或检修操作人员（进行该工作任务操作及做安全措施的人员）担任。

c. 工作负责人、工作许可人每年应通过技术业务、安全规程、工作票管理规定及工作票填写规范等方面的考试，经工区（所、公司）分管领导书面批准后，以书面形式公布，报单位安监部门并抄送运行管理单位、相关设备运行单位备案。

d. 若为外包工程，则由外包单位在开工前填写外包工程人员资质审批单，将工作负责人和动火作业工作负责人名单以及最近一次《国家电网公司电力安全工作规程　变电部分》（安全知识）考试成绩等有关资料，报发包方项目主管部门签署意见和盖章，并经安监部门审核后，由项目主管部门在开工前三天将此审批单及相关资料交与工程相关的单位。

e. 带电作业的工作负责人、专责监护人应由具有带电作业资格、带电作业实践经验的人员担任。

3）专责监护人

a. 由掌握安全规程，熟悉设备和具有相当的工作经验且具备相关工作负责人资格的人员担任。

b. 每年应通过安全规程的考试，由班组推荐，经工区（公司）分管领导书面批准后，以书面形式公布。

c. 在工作票［备注］栏中注明专责监护人监护的人员和监护的范围；工作前，对被监护人员交代监护范围内的安全措施、告知危险点和安全注意事项；监督被监护人员遵守《国家电网公司电力安全工作规程　变电部分》和现场安全措施，及时纠正被监护人员的不安全行为。

d. 在运行变电站内从事非电气类且具有承发包关系的工作（如基础施工、房屋修缮、防腐刷漆、防火封堵、空调维保、电子围栏维保、场地绿化及消防设施维保改造等），若经过项目主管部门和安监部门分析会商，无存在触电、高坠、误碰、消防等安全风险，该工作可以由具备工作负责人资质的人员担任工作负责人，不需要派专责监护人，否则，在由系统内单位承包的工作，专责监护人由承包方指派，在工程项目由公司直接发包给系统外施工单位，由公司主管部门出具联系单指定具备专责监护单位派人员担任。

（8）一张工作票中，工作票签发人、工作负责人和工作许可人三者不得互相兼任。一个工作负责人不能同时执行多张工作票。

二、工作票使用规范

1. 变电第一种工作票

（1）填用第一种工作票的工作：

1）高压设备上工作需要全部停电或部分停电者。

2）二次系统和照明等回路上的工作，需要将高压设备停电者或做安全措施者。

3）换流变压器、直流场设备及阀厅设备需要将高压直流系统或直流滤波器停用者。

4）直流保护装置、通道和控制系统的工作，需要将高压直流系统停用者。

5）换流阀冷却系统、阀厅空调系统、火灾报警系统及图像监视系统等工作，需要将高压直流系统停用者。

6）其他工作需要将高压设备停电或要做安全措施者。

7）电力电缆两端均在变电站内的停电工作。

8）电力电缆一端在变电站内、另一端在站外的停电工作，按以下两种情况之一者执行：

a. 若使用变电第一种工作票时，应按线路配合变电站出线检修安全措施专用票执行。

b. 当电力电缆试验工作票发出时，应事先将已发出的该间隔设备检修工作票收回。

（2）允许使用一张工作票的工作：

1）在户外电气设备检修，如果满足同一段母线、位于同一平面场所、同时停送电，且是连续排列的多个间隔同时停电检修。

2）在户内电气设备检修，如果满足同一电压、位于同一平面场所、同时停送电，且检修设备为有网门隔离或封闭式开关柜等结构，防误闭锁装置完善的多个间隔同时停电检修。

3）某段母线停电，与该母线相连的位于同一平面场所、同时停送电的多个间隔停电检修。

4）一台主变压器停电检修，各侧断路器也配合检修，且同时停送电。

5）变电站全停集中检修。

（3）第一种工作票提交时限：

1）第一种工作票应在开工前一天提交运行部门，计划性工作第一种工作票应由工作票签发人在工作前一日 14：00 前送达，并向运行人员告知工作时间、单位、任务、地点和停电范围等。运行人员收到第一种工作票后应及时审核，并于 17：00 前向工作票签发人反馈意见。

2）因故不能按期提交的，应由工作票签发人在开工前一天通过电话或传真等方式将工作票全文传达给运行值班人员，由运行值班人员复诵核对后记入值班记录簿。

3）事故处理、24 小时内需处理的缺陷允许在工作当天将工作票提交给运行部门。

2. 变电第二种工作票

填用第二种工作票的工作：

（1）控制盘和低压配电盘、配电箱、电源干线上的工作。

（2）二次系统和照明等回路上的工作，无需将高压设备停电者或做安全措施者。

（3）转动中的发电机、同期调相机的励磁回路或高压电动机转子电阻回路上的工作。

（4）非运行人员用绝缘棒、核相器和电压互感器定相或用钳型电流表测量高压回路的电流。

（5）大于《国家电网公司电力安全工作规程　变电部分》表 2-1 距离的相关场所和带电设备外壳上的工作以及无可能触及带电设备导电部分的工作。

（6）高压电力电缆不需停电的工作。

（7）换流变压器、直流场设备及阀厅设备上工作，无需将直流单、双极或直流滤波器停用者。

（8）直流保护控制系统的工作，无需将高压直流系统停用者。

（9）换流阀水冷系统、阀厅空调系统、火灾报警系统及图像监视系统等工作，无需将高压直流系统停用者。

（10）补充下列工作使用第二种工作票：

1）变电站监控系统设备上的工作；

2）引线未接上母线的备用间隔高压设备上，且不需要将其余高压设备停电或做安全措施的工作；

3）由项目主管部门组织的运行变电站不涉及运行设备的验收工作，工作票由施工单位签发并担任工作负责人；

4）变电站运行区域内装卸货物；

5）电力电缆两端均在变电站内的不停电工作；

6）若遇需拆除配电装置封板才能装设接地线，则由检修、施工人员履行变电第二种工作票拆除封板后，由运行人员进行装设。拆除接地线按上述相反顺序进行。

3. 变电带电作业工作票

填用带电作业工作票的工作：

（1）带电作业或与邻近带电设备距离小于《国家电网公司电力安全工作规程　变电部分》表 2-1 规定的工作。

（2）与邻近带电设备距离小于《国家电网公司电力安全工作规程　变电部分》表 2-1 规定但大于表 6-1 规定（包括人体、工器具、材料等）的工作（不使用绝缘工具与带电体直接接触的工作）应填用变电带电作业工作票，但并不属于带电作业范畴。

（3）从事高压设备等电位、中间电位、地电位（氧化锌避雷器带电测试、带电测零值等）作业。

4. 线路工作进入变电站

（1）持线路工作票进入变电站进行线路设备工作，应增填进入变电站工作票份数（依据涉及变电站数量确定）。

（2）线路工作如果需要变电设备停役或做安全措施（悬挂标示牌、装设临时围栏除外），应使用变电工作票，工作负责人可由线路工作具备资质的人员担任。

（3）线路工作负责人名单应事先送有关运行单位备案。

5. 外施工单位进入变电站

（1）外来施工单位是指地方供电公司所辖各单位除外的其他施工单位，分为国网浙江省电力有限公司（以下简称省公司）系统内与非省公司系统的施工单位。

（2）省公司系统内施工单位进入变电站涉及运行设备的工作，应将具备工作票签发人、工作负责人、专责监护人资格的人员报项目主管部门、安监部审核备案。由外来施工单位工作票签发人签发或由外来施工单位和设备运行单位实行"双签发"。

（3）非省公司系统的施工单位，进入变电站涉及运用中的设备工作实行工作票"双签发"，由外来施工单位和设备运行管理单位的工作票签发人共同签发。外单位工作票签发人、工作负责人报项目主管部门、安监部审核备案；进入变电站不涉及运行设备的工作并由项目主管部门指定或委派专责监护人。

（4）涉及运用中一、二次设备的拆、搭接工作，应由设备检修单位签发工作票并担任工作负责人，但涉及非运用中的一次设备拆、搭接工作可由外来施工单位担任工作负责人。

（5）外包施工单位动火工作票应由发包单位或设备运行单位签发、审核、审批，外包施工单位动火作业人员只能作为动火作业工作班成员和动火作业执行人。动火工作票工作负责人和消防监护人均应由发包单位或设备运行单位相应资质人员担任。

6. 待用间隔

在待用间隔上工作，需根据工作性质填用第一、第二种工作票，工作票的办理按照有关待用间隔管理要求执行。

三、工作票填写

1. 单位、变电站、编号

单位、变电站应填写全称（或规范简称），应按规定格式对工作票进行编号。

（1）单位是指票列工作任务的执行单位。

（2）变电站是指票列工作任务的所在变电站。

（3）编号：工作票编号由六段字符组成，如××（地市名称）-×××（变电站或操作站名称）-××××（年份）-××（月份）-××（工作票种类）-×××（序号，月内连续编号），例：金华-华金变-2018-01-BⅠ-01。工作票种类字符定义：Ⅰ种为BⅠ，Ⅱ种为BⅡ，带电票BD；手工填写的序号可采用临时编号，待 PMS 系统中补录确定后填写在工作票编号栏。

2. 工作负责人（监护人）、班组栏

工作负责人（监护人）、班组栏应填写全称。

（1）工作负责人（监护人）：指负责组织执行票列工作任务的人员。

（2）班组：仅填写工作负责人派出的班组。

3．工作班人员（不包括工作负责人）栏

（1）单一班组人数不超过5人，填写全部人员；超过5人填写5名主要岗位人员。

（2）多班组工作填写每个班组负责该项工作的人员，不限填5人。例：变检一班：×××；状态检测班：×××等2人；继保班：×××等3人。

（3）共计人数含所有班组的所有人员（包括分工作票负责人）但不包括工作负责人。

（4）外来协助人员：外来协助人员随同工作，应视为相应班组成员。多班组共同使用时，外来人员人数统计到工作负责人班组中，并由工作负责人负责安全监护，在到其他班组工作时，由工作负责人指定班组派专责监护人。例：若继保班请厂家配合工作，则写：继保班×××等几人（含厂家人员、外聘民工）。

（5）动火工作票的动火负责人、消防监护人、动火执行人应作为主工作票的工作班人员。

4．工作任务和工作地点

工作内容应填写检修、试验项目的性质和具体内容；工作地点是指工作设备间隔或某个具体的设备，应填写调度发文的设备双重命名；工作内容和工作地点的填写应完整。

5．简图

简图应以变电设备单线图表示，要求简单清晰、直观明了；图例参照《电力工程制图标准 第1部分：一般规则部分》（DL/T 5028.1—2015）。简图具体要求：

（1）票面增设的停电设备示意图力求简化，并符合工作设备的一次接线状态，只需画出和注明停电检修与电源断开点的设备；

（2）出线间隔上端将母线连接画出即可；

（3）示意图中应标明接地线的位置和编号；

（4）待搭接的引线用虚线表示；

（5）新、扩建间隔名称，如无调度正式命名时，可用基建名称；

（6）拆除和搭接设备与电源之间的电气连接线时，应在工作票示意图中用"＊"标示拆、搭端。

6. 计划工作时间

计划工作时间以批准的检修期为限；未开工前因天气、电网等原因变动计划工作时间时，应重新填写工作票。票面时间填写采用24h格式（下同）。

7. 第一种工作票安全措施

（1）应拉断路器、隔离开关。填写应拉开的断路器和隔离开关、熔断器（包括站用变压器、电压互感器等设备的低压回路）、触头等断开点的设备。

（2）同一间隔设备，在开头第一次出现的名称要写全双重命名，随后属于同一双重编号的设备可省略双重编号。

（3）多个间隔设备，应以间隔为单元按序号分行填写；但对于性质相同的设备，允许一行填写（如××××、××××正母隔离开关）。

（4）包括拉开××断路器；拉开××隔离开关；取下或拉开站用变压器、电压互感器等有可能向停电设备反送电的二次回路熔断器或空气开关；拉开站用变压器低压开关、站用变压器低压开关母线侧隔离开关、站用变压器侧隔离开关。

（5）应装接地线、应合接地开关。填写防止各可能来电侧应合的接地开关和应装设的接地线（包括站用变压器低压侧和星形接线电容器的中性点处）；接地开关和接地线必须按序号逐项分别填写，接地开关的名称和接地线的位置必须填写完整。工作过程中为防止感应电等要求增挂在此栏上未列写的接地线，应由工作负责人向值班人员办理接地线借用手续，调度不必下令，谁挂谁拆，具体按本单位变电站接地线使用管理规定的要求执行，并做好相关记录。

（6）应设遮栏、应挂标示牌及防止二次回路误碰等措施。填写检修、试验现场应设置的遮栏和应挂标示牌及防止二次回路误碰等安全措施；二次回路误碰安全措施仅填写需要由运行人员实施的安全措施，工作班自行实施的安全措施应单独填写二次工作安全措施票，二次安全措施恢复后由工作负责人和工作许可人签名，一式两联由双方分别收执、考核存档。

（7）工作地点保留带电部分和注意事项。填写上述三栏未明确且必须向工作负责人交代的保留带电部分和安全注意事项，由工作票签发人根据作业现场的实际情况填写；填写工作地点保留带电部分必须注明具体设备和部位。包括以下内容：写明工作间隔内××隔离开关××侧带电；与带电设备保持安全距离等内容；若有吊机等大型机械，还应写明吊机拐臂与带电设备保持的安全距离等。

（8）补充工作地点保留带电部分和安全措施。由工作许可人根据工作需要和现场实际，填写上述四栏未明确且必须向工作负责人交代的其他工作地点保留带电部分和安全措施；填写工作地点保留带电部分必须注明具体设备和部位。包括以下内容：写明相邻××间隔带电；检修设备上下方应具体写明交叉跨越的带电线路或电缆；室内工作应写明两旁及对面间隔设备带电等（如取下或拉开检修断路器的直流熔断器或空气开关；取下或拉开检修断路器、隔离开关的电动机电源熔断器或空气开关；取下检修开关的二次插头等）。

（9）已执行。在工作许可人和工作负责人现场共同确认安全措施已执行后，按序号双方分别在工作许可人联和工作负责人联工作票上逐项打钩。

8. 第二种工作票注意事项（安全措施）

（1）应根据工作需要和现场实际情况或参照本单位变电站第二种工作票典型安全措施及注意事项要求填写。

（2）工作票列任务属于工作地点流动的工作，［工作任务］栏签发人已写明多处工作的设备名称时，可以在［安全措施］栏中注明要求加挂"在此工作"标示牌。

（3）依次进行不停电的同一类型的工作，"在此工作"标示牌由工作许可人设置，也可由工作许可人委托工作负责人或专责监护人按工作票栏内的［工作任务和注意事项（安全措施）］依次设置。签发工作票时可写"将'在此工作'标示牌交由工作负责人随同工作地点一同转移"字样。

9. 第二种工作票补充安全措施

(1) 填写签发人提出的需由运行人员执行的安全措施执行情况。

(2) 需向工作负责人提出的补充安全措施执行情况。

10. 第二种工作票工作条件

［工作条件］填写"不停电"。［电气设备］处"运行"或"热备用"状态为不停电状态。

11. 工作票签发人签名及签发日期

(1) PMS 系统签发的工作票：由 PMS 系统自动生成签发人姓名及签发时间。

(2) 手工签发的工作票：由工作票签发人本人签名或由经授权的工作负责人代签，并填写签发的日期；授权代签时，应由代签人在［备注］栏中注明。

(3) "双签发"的工作票：若 PMS 系统无法实现的，由外来施工单位签发人在签发人栏手工签名。

(4) 工作负责人负责填写的工作票应交工作票签发人审核；工作票签发人核对工作票所填项目无误后签名并填写签发日期。

12. 收到工作票时间

工作票签发人填写并签发工作票后应按期提交运行部门；运行值班人员复核后签名，并记录收到时间。

13. 工作许可

变电站值班人员在完成现场安全措施后，在工作票上填写变电站补充工作地点保留带电部分和注意事项后，还应完成以下手续：

(1) 会同工作负责人到现场再次检查所做的安全措施，对具体设备指明实际的隔离措施，做好检修设备状态交接工作，由工作负责人在一式两联状态核对表上逐项打钩后，分别确认、签名。

(2) 对工作负责人指明带电设备的位置和工作过程中的注意事项。

(3) 工作许可人填入许可时间，并和工作负责人分别在工作票上确认签名。

（4）电力电缆一端在变电站内、另一端在变电站外时，遇电力电缆停电工作还应得到调度许可。

（5）在未履行工作许可手续前，工作人员不得在工作地点从事任何工作。设备检修过程中的传动、试验工作由工作负责人全面负责。如需运行人员配合的传动、试验工作，须待运行人员抵达工作现场，由运行人员完成具备传动、试验的各项状态准备，方可进行传动、试验工作。

14. **工作班人员签名栏**

工作班成员在明确工作负责人、专责监护人交代的工作内容、人员分工、带电部位、安全措施和危险点后，在工作票负责人联上签名确认。

15. **工作负责人变动**

工作负责人变动，由工作票签发人将变动情况通知工作许可人，原、现工作负责人进行必要的交接，由原工作负责人告知全体工作人员；若工作票签发人不能到现场，由新工作负责人代签名；工作负责人只能变动一次。

若设有专责监护人，则专责监护人变动由工作负责人将变动情况通知全体被监护工作人员；变动期间，被监护工作人员应停止工作，待交接完毕后方可复工。

遇工作许可人不在现场时，由工作许可人委托现工作负责人将变动情况记录在其所持的工作票上，工作许可人应做好相应的记录。

16. **工作人员变动情况**

工作人员变动应经工作负责人同意。工作负责人必须向新进人员进行安全措施交底，新进人员在明确工作内容、人员分工、带电部位、安全措施和危险点，并在工作票负责人联上签名后方可参加工作。新进工作人员由工作负责人填写变动日期、时间及姓名，可采用附页进行签名。

17. **工作票延期**

工作负责人应提前向值班负责人提出延期申请（属于调度管辖、许可的检修设备，还应通过值班调度员批准），得到批准后，由工作许可人在工作票上填写有效期延长时间后双方签名。

18. 每日开工和收工

(1) 在执行《国家电网公司电力安全工作规程　变电部分》要求的基础上，应履行每日收工和开工手续，并在工作票负责人联上做好记录。

(2) 无人值班变电站的收工、开工手续可通过电话办理，工作许可人姓名可由工作负责人代签，并在值班记录簿上做好记录。

19. 工作终结

(1) 全部工作完毕后，工作班应清扫、整理现场。工作负责人应先周密地检查，待全体工作人员撤离工作地点后，再向运行人员交代所修项目、发现问题、试验结果和存在问题等并做好相应记录。

(2) 工作负责人与运行人员共同到现场执行检修设备状态交接验收，检查有无遗留物件，是否清洁。

(3) 工作负责人和运行人员确认并签名后，由工作负责人在两联工作票上填入工作终结时间，并在工作票负责人联盖"已执行"章。

(4) 动火工作完毕后，动火执行人、消防监护人、动火工作负责人和运行许可人检查现场有无残留火种、是否清洁等。确认无问题后，在动火工作票上填明动火工作结束时间，四方签名后（若动火工作与运行无关，则三方签名即可），运行人员盖"已执行"章。

20. 工作票终结

(1) 工作结束后，由运行值班员拆除现场装设的安全围栏、标示牌，恢复常设的安全围栏。

(2) 值班负责人向调度汇报工作结束情况，包括保留接地线的编号和数量、接地开关（小车）数量，做好记录并在已终结的工作票许可人联盖"已执行"章。

(3) 基、扩建工程，若接地线、接地闸刀的装（合）、拆（拉）由项目负责人许可时，则［已汇报调度员］处填写该项目负责人。

21. 备注

(1)［备注］栏的内容需在负责人联和许可人联工作票上记录一致。

(2) 指定［专责监护人］栏应填写×××负责监护×××、×××、

×××（工作班人员姓名）在××地点的××工作。若专责监护人仅负责电气监护时，则注明负责监护××工作的电气安全。若地点、人数较多时，应视情况增加专责监护人，填写不下，可采用附页或填用新的工作票并重新履行签发许可手续。

（3）［其他事项］栏：

1）填写工作接地线装、拆情况和因高压回路上工作时需要操作接地线变动的情况，包括接地线编号，装设位置和装、拆时间；

2）填写工作负责人因故暂时离开工作现场，指定临时替代人员及履行交接手续；

3）非电气负责人担任工作负责人时，由工作票签发人填写指派电气监护人；

4）由工作负责人填写专责监护人变更情况；

5）与本工作票有关的其他注意事项。

22. 变电带电作业工作票

（1）应由具有带电作业资格的工作负责人或工作票签发人填写，工作票签发人审核签发。

（2）应写明带电设备的电压等级和带电设备的具体名称。

（3）注意事项（安全措施）由工作票签发人（工作负责人）根据作业设备的电压等级、范围、地点等情况填写相应的安全技术措施及注意事项，如停用重合闸、与相邻设备的安全距离等。

四、安全措施实施要求

1. 红布幔设置要求

（1）整屏工作，应在左右运行屏正面和背面各挂红布幔。

（2）屏内某套保护或某部件工作，应在其 4 周运行保护正面和背面各挂红布幔。

（3）控制屏上某 KK 开关工作时，应在左右（必要时为 4 周）运行 KK 手柄正面和背面各挂红布幔。

（4）仅屏前或屏后工作，可仅在屏前或屏后设置红布幔。

备注：

（1）此处"运行"包括运行状态和信号状态。

（2）隔离措施可采用红布幔、运行红旗、胶带布等多种形式，这里以红布幔为例加以说明。

（3）具有"运行设备"标志的标牌可代替红布幔，不需重复设置。

（4）整屏工作时应将屏门打开，左右运行屏门应关好。

2. 安全标示牌设置要求

（1）"在此工作"。

1）屏前工作或屏前后均工作时，设置在屏前；仅屏后工作时，设置在屏后。

2）高压设备柜整柜检修工作时，设置在柜前；柜前工作或柜前后均工作时，设置在柜前；仅柜后工作时，设置在柜后。

3）固定围栏内设备全部工作时，设置在围栏入口处；固定围栏内设备部分工作时，设备在相应工作设备处。

4）整个室内设备全部工作时，设置在室内各进门处；开关室内一段母线设备停电工作，且用围栏等措施将另一段带电母线隔离时，设置在室内允许工作人员进门处；室内设备部分工作时，设置在相应工作设备处。

5）单一的一次设备工作，设置在相应工作设备处。

6）若工作范围为一个间隔，设置在围栏的入口处。

7）若工作范围为几个间隔且设备较多或工作范围较大时，可在工作地点悬挂适当数量的此标示牌。

备注：

1）屏包括控制屏、测控屏、保护屏、计量屏、远动屏、直流屏、所用电屏等。

2）室包括开关室、变压器室、电容器室等。

3）必须在工作票中写明悬挂的具体位置。

（2）"从此上下"。

主变本体工作、线路或母线构架上工作，应将铁梯或爬梯上的"禁止攀登，高压危险！"标示牌取下或反转或覆盖，并在此位置悬挂此标示牌。

备注：工作终结后应及时恢复"禁止攀登，高压危险！"标示牌。

（3）"禁止合闸，有人工作"。

1）作为安全隔离措施的手动操作机构隔离开关的操作把手上应悬挂此标示牌。

2）作为安全隔离措施的电动操作机构隔离开关的机构箱门上应悬挂此标示牌。

3）作为安全隔离措施的电动操作机构隔离开关，若可以在隔离开关控制箱中操作，但隔离开关控制箱上锁影响设备检修而无法上锁时，应在箱内对应操作按钮上悬挂此标示牌。

4）断路器仅本体有工作，应在 KK 手柄上悬挂此标示牌。

5）作为安全隔离措施的低压熔丝底座上应悬挂此标示牌。

备注：

1）断路器和隔离开关在计算机上操作的，应在操作按钮上设此标示牌。

2）断路器一、二次同时工作或仅二次工作时不设此标示牌。

（4）"止步，高压危险"。

1）因工作需要而在工作地点四周设置的临时遮栏（围栏）上悬挂。

2）因工作需要而在带电设备四周设置的全封闭临时遮栏（围栏）上悬挂。

3）高压试验地点四周设置的临时遮栏（围栏）上悬挂。

4）电气设备常设遮栏（围栏）上悬挂。

5）禁止通行的过道遮栏（围栏）上悬挂。

6）在室内高压断路器（开关）上工作，在工作地点两旁及对面运行设备的遮栏（围栏）上悬挂。

7）高压开关柜手车拉出后的柜门上悬挂。

8）在室内母线上工作，在工作地点邻近的永久性隔离挡板上悬挂。

9）在室外构架上工作，在工作地点邻近带电部分的横梁上悬挂。

备注：

1）围栏上的"止步，高压危险"标志可代替"止步，高压危险"标示牌。

2）第 1 点中的标示牌朝向围栏里面，第 2、3、4 点中的标示牌朝向围栏外面，第 5 点标示牌朝向可以通行的过道方向，第 8、9 点中的标示牌朝向工作地点方向。

3）第 3 点中的标示牌由工作班负责设置。

4）第 8、9 点中的标示牌由检修人员负责设置。

5）第 4 点中设置的标示牌应离地 1.6m 左右。

（5）"禁止合闸，线路有人工作"

线路工作时，在本线路的断路器和隔离开关的操作把手上应设此标示牌。

备注：悬挂具体位置参照"禁止合闸，有人工作"标示牌相关规定。

（6）"禁止攀登，高压危险"。

1）高压配电装置构架的爬梯上。

2）变压器、电抗器等设备的爬梯上。

3）设备运行时，安全距离不足的检修平台台阶上。

备注：爬梯上设置的标示牌应离地 1.7m 左右。

（7）"禁止分闸"。

接地开关与检修设备之间连有断路器或隔离开关时，在接地开关和断路器或隔离开关合上后，在断路器或隔离开关操作把手上。

备注：主要是为了方便母线等设备接地。

（8）"从此进出"

室外工作地点围栏的出入口处。

3. 安全围栏设置要求

（1）检修设备四周围栏应有进出通道，其出入口要围至临近道路旁边，便于检修人员进出。

（2）如隔离开关一侧带电，则围栏不应包含该隔离开关操作手柄或操作机构箱。

（3）利用固定安全围栏作为检修设备隔离措施时，应先将围栏上"止步，高压危险"标示牌反向（即面朝外）或用面朝外的"止步，高压危险"标示牌覆盖。

（4）在室内高压设备上工作，可根据情况在工作地点两旁及对面运行设备间隔处设置围栏；在一段母线检修时应考虑在通道上用围栏隔离另一段带电母线，并禁止人员通行。

（5）围栏垂直空间内不宜有带电部位。

备注：

（1）围栏可分为围栏绳、围栏布和木栅栏、不锈钢栅栏等多种形式，视具体情况而定。

（2）围栏垂直空间内无法避免带电部位时，应作为安全措施向工作负责人交代清楚。

第三节　其　他　事　项

一、动火工作票

1. 动火管理级别的划分

（1）按火灾危险性及后果严重性程度，将动火管理级别划分为一级和二级。在一级动火区动火作业，应填用一级动火工作票，在二级动火区动火作业，应填用二级动火工作票。

（2）一级动火区，是指火灾危险性很大，发生火灾时后果很严重的部位或场所。包括油区和油库围墙内；油管道及与油系统相连的设备，油箱

（除此之外的部位列为二级动火区域）；易燃易爆场所、危险品仓库；变压器等注油设备本体、蓄电池室（铅酸）、蓄电池（铅酸）屏柜室内；其他火灾危险性及后果严重程度很大的部位或场所。

（3）二级动火区，是指一级动火区以外的所有防火重点部位或场所以及禁止明火区。包括油管道支架及支架上的其他管道；动火地点有可能火花飞溅至易燃易爆物体附近；运行变电站的生产区域；其他生产场所的电缆沟道、电缆竖井、电缆隧道、电缆夹层；蓄电池室、调度室、通信机房、电子设备间、计算机房、档案室；调度大楼、高层建筑（24m 以上）内；生产场所装修工作、其他火灾危险性及后果严重程度较大的部位或场所。

（4）林区动火作业，必须严格执行《浙江省森林消防条例》的规定。

2. 动火工作票审批权限

（1）一级动火工作票由申请动火部门（车间、分公司、工区）的动火工作票签发人签发，动火单位安监部门负责人、消防管理负责人审核，动火单位分管生产的领导或技术负责人（总工程师）批准。必要时还应报局主管部门或当地公安消防部门批准。

（2）二级动火工作票由申请动火部门（班组、项目部、车间、分公司）的动火工作票签发人签发，动火部门安监、消防人员审核，动火部门负责人或技术负责人批准。

3. 动火工作票相关人员基本条件

（1）动火工作票签发人。

1）一级动火工作票签发人由动火部门分管生产领导（总工程师）、生技科长担任。

2）二级动火工作票签发人由动火部门班组长、技术员担任。一级动火工作票签发人可担任二级动火票签发人。

3）一、二级动火工作票签发人应熟练掌握消防法律、法规、火灾预防知识和动火工作管理制度，经考试合格，并经单位分管生产的领导或总工程师批准并书面公布。

（2）动火部门消防人员是指单位消防管理人员及班组消防专（兼）职人员。

（3）动火工作负责人、消防监护人应熟悉火灾预防知识及动火工作相关管理制度，并经单位考试合格，下文明确。变电站二级动火工作，动火工作负责人应具备电气工作负责人资格，工作负责人、动火工作负责人、消防监护人的相互兼任应按以下规定执行：

1）工作负责人在兼任二级动火工作负责人时，动火工作负责人不得兼任消防监护人。

2）二级动火工作负责人在兼任消防监护人时，工作负责人不得兼任动火工作负责人。

3）专项的二级动火工作时，动火工作负责人和消防监护人可以由工作票负责人同时兼任。

（4）动火工作票各级审批人员应经上级专业管理部门培训取证。

（5）运行许可人应是设备运行管理单位或产权管理单位下文明确的人员。

（6）动火执行人涉及特种作业的，应具备相关行业主管部门颁发的合格证，是指省级安全生产监督管理部门签发的金属焊接切割特种作业操作证。

4. 动火工作票所列人员的安全责任

（1）动火工作票各级审批人员和签发人。

1）审核动火工作的必要性；

2）审核动火工作的安全性；

3）动火工作票上所填安全措施和防火措施是否正确完备。

（2）动火工作负责人。

1）正确安全地组织动火工作；

2）负责检修应做的安全措施并使其完善；

3）向有关人员布置动火工作，交代防火安全措施和进行安全教育；

4）始终监督现场动火工作；

5）负责办理动火工作票开工和终结；

6）动火工作间断、终结时检查现场无残留火种。

（3）运行许可人。

1）工作票所列安全措施是否正确完备，是否符合现场条件；

2）动火设备与运行设备是否确已隔绝；

3）向工作负责人现场交代运行所做的安全措施是否完善。

（4）消防监护人。

1）负责动火现场配备必要的、足够的消防设施；

2）负责检查现场消防安全措施的完善和正确；

3）测定或指定专人测定动火部位（现场）可燃性气体、可燃液体的可燃气体含量符合安全要求；

4）始终监视现场动火作业的动态，发现失火及时扑救；

5）动火工作间断、终结时检查现场无残留火种。

（5）动火执行人。

1）动火前应收到经审核批准且允许动火的动火工作票；

2）按本工种规定的防火安全要求做好安全措施；

3）全面了解动火工作任务和要求，并在规定的范围内执行动火；

4）动火工作间断、终结时清理并检查现场无残留火种。

5. 动火工作票的使用规定

（1）动火工作票由动火工作负责人填写。原则上动火工作票由工作票签发人填写并签发，工作负责人也可在工作票签发人口头或电话命令下填写。

（2）动火工作票应使用黑色或蓝色的钢（水）笔填写与签发，内容应正确、填写应清楚，不得任意涂改。如有个别错、漏字需要修改，应使用规范的符号，字迹应清楚。用计算机打印的动火工作票应使用单位统一的票面格式，由工作票签发人审核无误，手工签名后方可执行。

（3）动火工作票签发人不准兼任该项工作的工作负责人。

（4）动火工作票的审批人、消防监护人不准签发动火工作票。

（5）动火单位（部门）到生产区域内动火时，动火工作票由设备运行管理单位签发和审批，也可由动火单位（部门）和设备运行管理单位（部门）实行"双签发"。若动火单位为国家电网有限公司系统的下属单位，可由动火单位签发动火工作票。

（6）外包、外协施工单位若为国家电网有限公司系统的下属单位，且动火工作票相关人员具备其单位的动火工作票相应资质，并经局安监部门审查备案的，可由外包、外协动火单位签发并执行动火工作票。若动火工作区域为运用电气设备区域，则动火工作票不得独立使用，必须与变电第一种或第二种工作票配套使用，变电站生产区域内使用的动火工作票应作为检修工作票、工作任务单和事故应急抢修单的附票。动火工作票由单位发包部门或设备运行管理部门审批、许可，使用运行单位动火工作票。若动火工作区域为不涉及运行电气设备并明显隔离的改、扩建设备区域，动火工作票允许外包、外协单位审批、许可，使用外包、外协单位动火工作票。

（7）外包施工单位若为非国家电网有限公司系统的下属单位，动火工作票应由发包单位或设备运行部门签发、审核、批准，外包施工单位动火作业人员只能作为动火作业工作班成员和动火作业执行人。动火工作票工作负责人和消防监护人均应由发包单位或设备运行部门相应资质人员担任。❶

（8）动火工作票一份由工作负责人或消防监护人收执，另一份由运行许可人收执，按值移交。一级动火工作票应在单位安监部门（或具有消防管理职责的部门）备案，一级动火工作票还应视工作危险性，必要时应到当地消防部门备案；二级动火工作票应在动火部门备案。

（9）动火工作票经签发、批准后由动火工作负责人送交运行许可人。

（10）动火工作完毕后，动火执行人、消防监护人、动火工作负责人和运行许可人应检查现场有无残留火种，是否清洁等。确认无问题后，在动火工作票上填明动火工作结束时间，经四方签名后（若动火工作与运行无关，则三方签名即可），盖上"已执行"印章，动火工作方告终结。

（11）动火工作票不准代替设备停复役手续或检修工作票、工作任务单

---

❶　动火工作票工作负责人和消防监护人若由外包施工单位担任时，必须到发包单位或设备运行部门审查、备案和确认。

和事故应急抢修单，并应在动火工作票上注明检修工作票、工作任务单和事故应急抢修单的编号。

（12）动火工作票的有效期：一级动火工作票的有效期为24h，二级动火工作票的有效期为120h。动火作业超过有效期限，应重新办理动火工作票。一级动火工作票应提前办理。

6. 动火作业的现场监护

（1）一级动火时，各级审批人和动火工作票签发人均应到现场检查防火安全措施是否正确完备，测定可燃气体、易燃液体的可燃气体含量是否合格，并在监护下做明火试验，确认合格后方可动火。

（2）一级动火时，动火部门分管生产的领导或技术负责人（总工程师）、消防（专职）人员应始终在现场监护。

（3）二级动火时，动火部门应指定人员，并和消防（专职）人员或指定的义务消防员始终在现场监护。

（4）一、二级动火工作在次日动火前应重新检查防火安全措施，并测定可燃气体、易燃液体的可燃气体含量，合格方可重新动火。

（5）在同一工作面上有多处动火工作时，根据消防监护人现场监护区情况，可以同时监护二个动火点。

（6）一级动火工作的过程中，应每隔2～4h测定一次现场可燃气体、易燃液体的可燃气体含量是否合格，当发现不合格或异常升高时应立即停止动火，在未查明原因或排除险情前不准动火。

7. 动火作业安全防火要求

（1）有条件拆下的构件，如油管、阀门等应拆下来移至安全场所。

（2）可以采用不动火的方法代替而同样能够达到效果时，尽量采用替代的方法处理。

（3）尽可能地把动火时间和范围压缩到最低限度。

（4）凡盛有或盛过易燃易爆等化学危险物品的容器、设备、管道等生产、储存装置，在动火作业前应将其与生产系统彻底隔离，进行清洗置换，并测定可燃气体、易燃液体的可燃气体含量，经分析合格后，方可动火作业。

（5）动火作业应有专人监护，动火作业前应清除动火现场及周围的易燃物品，或采取其他有效的安全防火措施，配备足够适用的消防器材。

（6）动火作业现场的通排风要良好，以保证泄漏的气体能顺畅排走。

（7）动火作业间断或终结后，应清理现场，确认无残留火种后，方可离开。

8. 禁止动火的情况

（1）压力容器或管道未泄压前。

（2）存放易燃易爆物品的容器未清理干净前。

（3）风力达 5 级以上的露天作业。

（4）喷漆现场。

（5）遇有火险异常情况未查明原因和消除前。

9. 动火工作票的监督考核

（1）动火工作票考核以纸质的动火工作票为准。相关部门应将纸质动火工作票妥善保存，保存期为一年，并按年保存。

（2）动火工作票列入"两票"考核。

（3）动火工作票执行情况由安全监察部负责定期监督考核，违反本管理办法的按本单位违章记分管理办法考核。

二、变电站工作辅助安全措施票

1. 适用范围

为确保变电站现场工作安全，预防小动物事故发生，确保变电站安全运行。要求在变电站现场工作期间，加强对防小动物的控制，实行变电站工作辅助安全措施票。

凡是进入变电站进行技改、扩建、维护等工作，需打开电缆盖板并开启电缆封堵孔洞的任何工作，在许可工作时，均应使用此辅助安全措施票。

2. 生产场所防范措施和工作中相关要求

（1）工作人员进入开关室工作，应随手关门，不得擅自取下防鼠挡板、停用防小动物设施功能等行为，若因工作需要确需停用必须经当值运行人员同意，并做好辅助措施，工作结束后立即恢复。

（2）在防小动物区内需打开电缆盖板进行敷设电缆工作时，工作负责人应指派专人对被打开的电缆孔洞进行看管防范，以防止小动物进入室内。

（3）在防小动物区内敷设电缆或开启电缆孔洞的工作，必须到现场办理工作票的许可和终结手续，运行人员不得以电话方式办理工作的许可、间断和终结手续。

（4）巡查发现敷设电缆现场在已打开电缆孔洞处无人看管或无防范措施时，运行人员有权停止其工作，在施工单位整改后方可继续工作。

（5）终结工作票前，工作人员必须对电缆孔洞采用水泥砂浆封堵，防火泥只能作为工作间断暂时的封堵材料，不能作为正常情况下防小动物的封堵材料，工作人员封堵完成后需经运行人员验收合格后方可办理工作票终结手续。

3. 运行人员责任

（1）运行人员对工作票中需敷设电缆或打开电缆沟的工作应进行有效监管，对不完善之处及时指出并要求整改，必要时有权停止其工作。

（2）运行人员可根据工作人员需求将变电站现场防小动物设施提供给工作人员使用（如驱鼠器、鼠夹、鼠药等）。

（3）运行人员在许可工作时，需交代防小动物管理要求。

4. 工作人员责任

（1）开启电缆孔洞的工作在开工前，工作班人员须对施工现场的防小动物设施及电缆封堵情况进行查询摸底，并准备好施工过程中需使用的防小动物设施及材料。

（2）工作人员在工作结束后，应全面检查工作现场的防小动物设施及孔洞是否按要求封堵完善。

（3）工作人员必须确保在施工结束后一周内不发生在施工所涉及区域因施工原因而造成的小动物事故，并对此造成的事故负责。

5. 填写及使用说明

（1）变电站现场工作辅助安全措施票作为工作票的附票，不论何种工作票，只要打开电缆盖板并开启电缆封堵孔洞的工作，均应使用此票。

（2）使用该票时，应在工作票的［备注］栏中说明。

（3）作为工作票的附票，与工作票同时许可和终结时，该票中的许可和终结时间无需填写。但超过一天的工作，双方检查后，在本票的背面需填写每天开工和收工时间，并签名。

（4）需开启电缆封堵孔洞的工作时间较工作票工作时间短，则此票可比工作票滞后许可、提前终结，并由工作负责人在该票的［备注说明］栏内写明电缆孔洞开启相关工作已完成，开启的孔洞已按要求封堵完毕，工作负责人签名，最后由工作许可人填写此票的终结时间，并签名，在［备注说明］栏的最下方盖"已执行"章。

如工作票计划工作时间为 5 天，但开启电缆封堵孔洞的工作只有两天，并在工作的第二天开启电缆封堵孔洞，则此票的许可时间可填在［备注说明］栏内，运行人员按此票的第四项内容检查后，既可办理此票的终结手续。

（5）该票与正常使用的工作票一样，一式两份，由工作负责人和工作许可人各执一份。

（6）使用后的该票应与所对应工作票一起装订保存，并按工作票要求考核。

三、工作接地要求

（1）主变压器高（中）压侧套管处原则上不挂接地线，工作中确需加装视为工作接地。

（2）工作中需要装设工作接地线应使用变电站内提供的接地线，由工作负责人提出并经当班运行负责人同意，装设工作接地线的地点应与运行人员一同商定，并不得随意变更。

（3）工作接地线装设前应验电，验电由检修人员实施。

（4）工作接地线的借用应办理借用手续，由工作负责人在工作接地线借用记录表中填写借用的理由、装设的地点、事件，会同工作许可人共同到现场确认后，履行签名借用手续。运行人员应将工作接地线的去向记入值班日志，并做好模拟图板的更正工作，工作接地线借用记录表应按值移交。

（5）工作接地线装设由运行人员监护，工作人员装设，并在双方工作票附票上分别填写装设时间、地点、地线编号等情况，并经双方确认签名。

（6）因工作需要加挂的工作接地线，运行人员对其数量和地点的正确性负责，工作人员对其装拆的正确性、安全性负责。

（7）在工作终结前，由工作负责人负责拆除工作接地线，工作许可人结合设备状态交接验收清点接地线数量和编号，确保现场所有工作接地线已全部收回，然后双方签名履行工作接地线归还手续；并在双方工作票附票上分别填写拆除的时间、地点、地线编号等情况，并经双方确认签名。

（8）关于因线路工参、核相等工作需临时改变接地方式或接地状态的管理要求：

1）需要有调度或主管部门指定的工参测试工作联络人许可，方可测试；

2）如需将接地开关改为接地线，可由当班值长下令："将××线路接地开关改为接地线一组"，操作步骤如下：

a. 检查××接地开关确在合位；

b. 在××线路隔离开关线路侧挂×号接地线；

c. 拉开××线路隔离开关，并检查。

3）改为接地线后，工作票备注使用本单位变电站接地线管理实施细则的接地变动情况登记表，选择"改挂"。

4）如果只需拉开接地开关，不要求改挂接地线，则"增挂""改挂"都划去，在本单位变电站接地线管理实施细则的［变动地点］栏填写"拉开××线路接地开关"，接地开关恢复操作也作相同备注。

第六章

防 误 管 理

随着电力系统的快速发展，人为误操作事故时有发生，单纯靠运维人员遵照规程正确操作来保证系统安全运行是远远不够的，必须依靠防误闭锁装置，来强制性地保证操作的正确性。

防误闭锁装置的作用是防止误操作，凡有可能引起误操作的高压电器设备，均应装设防误闭锁装置。防误闭锁装置应简单完善、安全可靠，操作和维护方便，能够实现"五防"功能，即：

（1）防止误分、误合断路器；

（2）防止带负载拉、合隔离开关或手车触头；

（3）防止带电挂（合）接地线（接地开关）；

（4）防止带接地线（接地开关）合断路器（隔离开关）；

（5）防止误入带电间隔。

防止电气误操作的"五防"功能除"防止误分、误合断路器"可采取提示性措施外，其余"四防"功能必须采取强制性防止电气误操作措施。

第一节　防误闭锁装置分类

变电站常用的防误闭锁装置有电气闭锁（含电磁锁）、机械闭锁、微机防误装置（系统）、监控防误系统、智能防误系统、就地防误装置、带电显示装置等。

一、电气闭锁（含电磁锁）

电气闭锁（含电磁锁）是将断路器、隔离开关、接地开关、隔离网门等设备的辅助接点或测控装置防误输出接点接入电气设备控制电源或电磁锁的电源回路构成的闭锁。

接入回路中的辅助接点应满足可靠通断的要求，辅助开关应满足响应一次设备状态转换的要求，电气接线应满足防止电气误操作的要求。断路器和隔离开关、接地开关电气闭锁严禁用重动继电器，应直接采用辅助接点，辅助接点接触应可靠。

线路无压判别应采用强制性闭锁措施，宜采用电压继电器或带电显示器等形式实现电气闭锁。

二、机械闭锁

机械闭锁是利用电气设备的机械联动部件对相应电气设备操作构成的闭锁，其一般由电气设备自身机械结构完成。以下电气设备之间的闭锁可具备机械联锁功能：

（1）隔离开关与接地开关之间；

（2）手车与接地开关之间；

（3）接地开关（接地线）与柜门之间；

（4）断路器与隔离开关之间；

（5）隔离开关与柜门之间；

（6）断路器与手车之间。

三、微机防误装置（系统）

微机防误装置是指采用独立的计算机、测控及通信等技术，用于高压电气设备及其附属装置防止电气误操作的系统，主要由防误主机、模拟终端、电脑钥匙、通信装置、机械编码锁、电气编码锁、接地锁和遥控闭锁装置等部件组成。

微机防误装置应保证设备状态与实际一致，可通过与监控系统通信实时对位来实现，在通信中断时，微机防误应维持通信断开前的状态，并不得影响微机防误装置的独立运行。

用微机防误闭锁实现断路器防止误分（合）闭锁的应优先采用电编码锁实现。

微机防误闭锁后台预演应保持与实际运行方式一致。

四、监控防误系统

监控防误系统是利用测控装置及监控系统内置的防误逻辑规则，实时采集断路器、隔离开关、接地开关、接地线、网门、压板等一、二次设备状态信息，并结合电压、电流等模拟量进行判别的防误闭锁系统。

监控防误系统应具有完善的全站性防误闭锁功能。接入监控防误系统进行防误判别的断路器、隔离开关及接地开关等一次设备位置信号，宜采用动合、动断双位置接点接入。同时，应实现对受控站电气设备位置信号的实时采集，确保防误装置主机与现场设备状态一致。当这些功能发生故障时应发出告警信息。

五、智能防误系统

智能防误系统是一种用于高压电气设备及其附属装置防止电气误操作的系统，主要由智能防误主机、就地防误装置等部件组成。智能防误主机具备顺控操作不同源防误校核功能，与监控主机内置防误逻辑形成双校核机制，具备解锁钥匙定向授权及管理监测、接地线状态实时采集等功能；就地防误装置具备就地操作防误闭锁功能。

智能防误系统应单独设置，与监控系统内置防误逻辑实现双套防误校核，还应具备顺控操作防误和就地操作防误功能。

六、就地防误装置

就地防误装置是一种用于高压电气设备及其附属装置就地操作机构的防误装置，具备当顺控操作因故中止，切换到就地操作防误闭锁功能，具有统一的锁具接口和典型接线的防误逻辑规则库，主要由就地防误单元、电脑钥匙、编码锁、采集控制器、智能地线桩、智能地线头等部件组成。

七、带电显示装置

带电显示装置是提供高压电气设备安装处主回路电压状态的信息，用以显示设备上带有运行电压的装置。对使用常规闭锁技术无法满足防止电气误操作要求的设备（如联络线、封闭式电气设备等），应采取加装带电显示装置等技术措施达到防止电气误操作要求。

第二节 防误闭锁逻辑

一、元件防误操作闭锁逻辑

1. 断路器防误操作闭锁逻辑

（1）断路器无强制性的防误操作闭锁逻辑，应采取提示性措施防止误分、合。

（2）防止带接地线（接地开关）合断路器，应通过断路器两侧隔离开关与接地线（接地开关）的闭锁逻辑来实现。

（3）监控中心、操作站远方操作或变电站后台监控操作时，应输入操作人员和监护人员的密码，相应设备的编号。

2. 隔离开关防误操作闭锁逻辑

隔离开关防误操作闭锁逻辑原则上只考虑与安装的接地开关间的联锁，如接地线纳入变电站的防误闭锁逻辑，则等同于接地开关。

（1）母线隔离开关：

1）断路器断开、断路器两侧接地开关断开、母线接地开关断开；

2）正常倒母时，母联运行状态、本间隔另一母线隔离开关合上；

3）当需硬连接倒母时，某间隔（主变压器或旁路间隔）正、副母隔离开关均合上、本间隔另一母线隔离开关合上；

4）当间隔硬连接需切空母线时，本间隔正、副母线隔离开关均合上、被切母线所有隔离开关均断开（电压互感器隔离开关除外）。

（2）线路隔离开关：断路器断开、断路器两侧接地开关断开、线路接地开关断开。

（3）变压器隔离开关：断路器断开、断路器两侧接地开关断开、变压器各侧接地开关断开。

（4）母联隔离开关：断路器断开、断路器两侧接地开关断开、所连接母线接地开关断开。

(5) 分段隔离开关：断路器断开、断路器两侧接地开关断开、所连接母线接地开关断开。

(6) 旁路隔离开关：

1) 不停电旁路代时，被代间隔正母隔离开关合上及副母隔离开关断开（或副母隔离开关合上及正母隔离开关断开）、线路（或变压器）隔离开关合上、旁路间隔断路器断开、旁路母线接地开关断开、旁路母线隔离开关合上、旁路间隔正母或副母隔离开关合上（旁路兼母联接线方式的，跨条隔离开关断开）；

2) 停电旁路代时，被代间隔线路（或变压器）隔离开关断开、线路（或变压器各侧）接地开关断开、旁路母线接地开关断开、旁路断路器断开（旁路兼母联接线方式的，跨条隔离开关断开）。

(7) 电压互感器隔离开关：电压互感器接地开关断开、母线接地开关断开。

(8) 电容器（电抗器）隔离开关：电容器（电抗器）接地开关断开、断路器断开。

3. 接地闸刀防误操作闭锁逻辑

(1) 母线接地开关：该母线上所有隔离开关均断开。

(2) 断路器两侧接地开关：断路器两侧所有隔离开关均断开。

(3) 线路接地开关：

1) 线路隔离开关断开、旁路隔离开关断开、线路无压（有线路电压互感器或带电显示器）；

2) 3/2接线方式出线有两把线路接地开关，其中一把接地开关带灭弧功能，则该接地开关应先合后分。

(4) 变压器接地开关：各侧变压器隔离开关断开（手车开关在试验位置；当某侧无隔离开关时，则该侧断路器母线隔离开关断开），变压器旁路隔离开关断开。

(5) 电压互感器接地开关：电压互感器隔离开关断开。

(6) 电容器接地开关：电容器隔离开关断开（无电容器隔离开关时，

断路器手车试验位置或母线隔离开关断开位置）、电容器网门关闭。

（7）接地变压器接地开关：接地变压器隔离开关断开（无接地变压器隔离开关时，断路器手车试验位置或母线隔离开关断开位置）、接地变压器网门关闭。

（8）电抗器接地开关：电抗器隔离开关断开（无电抗器隔离开关时，断路器手车试验位置或母线隔离开关断开位置）、电抗器网门关闭。

二、闭锁逻辑举例

闭锁逻辑示例图如图 6-1 所示。

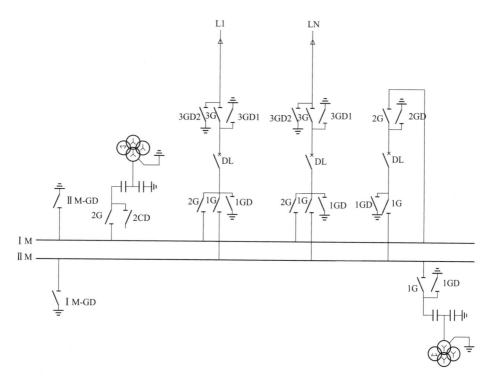

图 6-1 闭锁逻辑示例图

1. L1 线路闭锁逻辑（见表 6-1）

表6-1

L1 线路闭锁逻辑表

操作设备		正母隔离开关 1G	副母隔离开关 2G	开关母线侧接地开关 1GD	断路器 DL	开关线路侧接地开关 3GD1	线路隔离开关 3GD	线路接地开关 3GD2	正母接地开关 I M-GD	副母接地开关 II M-GD	母联正母隔离开关 ML-1G	母联断路器 ML-DL	母联副母隔离开关 ML-2G	第N条线路正母隔离开关 LN-1G	第N条线路副母隔离开关 LN-2G	线路电压 线路电压互感器	线路电压互感器空气开关	其他
正母隔离开关	1G	0	0	0	0	0												注1
		1	1								1	1	1					注2
		1	1						0					1	1			注3
副母隔离开关	2G	0	0	0	0	0												注1
		1	1								1	1	1					注2
		1	1							0				1	1			注3
断路器母线侧接地开关	1GD	0	0		0													
断路器	DL			0		0	0											
断路器线路侧接地开关	3GD1	0	0	0	0		0											
线路隔离开关	3GD				0	0		0										
线路接地开关	3GD2				0		0									$<U_L$	1	注4

注：

1. 倒母1方式：通过母联同隔离倒母操作。
2. 倒母2方式：通过某一元件已经并列的正副母隔离开关进行倒母操作，该元件作用 LD 表示。本条为可选项。
3. 隔离开关切空母线。本条为可选项。
4. "$<U_L$" 表示本线同隔离线路电压互感器二次无电压，当线路侧有线路电压互感器时，需加入 "本同隔离线路无压" 的判据，如无线路电压互感器则不需此判据。

2. 母联闭锁逻辑（见表 6-2）

表 6-2
母联闭锁逻辑表

操作设备	母联正母隔离开关 1G	母联正母接地开关 1GD	母联断路器 DL	母联副母接地开关 2GD	母联副母隔离开关 2G	正母接地开关 Ⅰ M-GD	副母接地开关 Ⅱ M-GD	其他
母联正母隔离开关 1G		0	0	0		0		
母联正母接地开关 1GD	0							
母联断路器 DL								
母联副母接地开关 2GD					0	0		
母联副母隔离开关 2G	0		0				0	

3. 母线设备闭锁逻辑（见表 6-3）

表 6-3
母线设备闭锁逻辑表

操作设备	电压互感器隔离开关 TV-1G	电压互感器接地开关 TV-1GD	母线接地开关 M-GD	其他
电压互感器隔离开关 TV-1G		0	0	
电压互感器接地开关 TV-1GD	0			

注 只考虑了 Ⅰ 段母线设备防误操作的逻辑，其他各段都可参照执行。

4. 母线接地开关闭锁逻辑（见表6-4）

表6-4　　　　　　　　　　　　　母线接地开关闭锁逻辑表

操作设备		L1		LN		ML		TV		其他
		线路正母隔离开关	线路副母接地开关	第N条线路正母隔离开关	第N条线路副母隔离开关	母联正母隔离开关	母联副母隔离开关	正母电压互感器隔离开关	副母电压互感器隔离开关	
		1G	2G	1G	2G	1G	2G	1G	2G	
正母接地开关	I M-GD	0		0		0		0		
副母接地开关	II M-GD		0		0		0		0	

第三节　防误闭锁装置管理规定

1. 防误闭锁装置管理原则

（1）新、扩建变电工程或主设备经技术改造后，防误装置应与主设备同时设计、同时安装、同时验收投运。

（2）变电站现场运行专用规程应明确防误闭锁装置的日常运维方法和使用规定，建立台账并及时检查。

（3）高压电气设备都应安装完善的防误闭锁装置，装置应保持良好状态；发现装置存在缺陷应立即处理。

（4）造成防误装置失去闭锁功能的缺陷应按照危急缺陷管理。高压电气设备的防误闭锁装置因为缺陷不能及时消除，防误功能暂时不能恢复时，可以通过加挂机械锁作为临时措施；此时机械锁的钥匙也应纳入防误解锁管理，禁止随意取用。

（5）防误装置解锁工具应封存管理并固定存放，任何人不准随意解除闭锁装置。

（6）若遇危及人身、电网、设备安全等紧急情况需要解锁操作，可由变电运维班当值负责人下令紧急使用解锁工具，解锁工具使用后应及时封存并填写解锁钥匙使用记录。

（7）倒闸操作过程中，防误装置及电气设备出现异常要求解锁操作，应由防误装置专业人员核实防误装置确已故障并出具解锁意见，报本单位分管领导许可，经防误装置专责人或运维管理部门指定并经书面公布的人员到现场核实无误并签字后，由变电站运维人员报告当值调控人员，方可解锁操作。

（8）电气设备检修需要解锁操作时，应经防误装置专责人或运维管理部门指定并经书面公布的人员现场批准，并在值班负责人监护下由运维人员进行操作，不得使用万能钥匙解锁。

（9）停用防误闭锁装置应经地市公司（省检修公司）、县公司分管生产的行政副职或总工程师批准。短时间退出防误操作闭锁装置时，应经变电运维班（站）长或发电厂当班值长批准，并应按程序尽快投入。

（10）应设专人负责防误装置的运维检修管理，防误装置管理应纳入现场运行规程。

（11）智能钥匙管理机应有开启密码或者授权卡，密码或授权卡应由防误装置专责人保管，不得出现钥匙外借或密码转告他人的情况。

（12）"设备强制对位"应履行防误装置解锁审批流程，并纳入缺陷管理。

（13）"修改防误闭锁逻辑""修改电气接线图及设备编号"等工作应经防误装置专责人批准。

2. 防误闭锁装置日常管理要求

（1）现场操作通过电脑钥匙实现，操作完毕后应将电脑钥匙中当前状态信息返回给防误装置主机进行状态更新，以确保防误装置主机与现场设备状态对应。

（2）防误装置日常运行时应保持良好的状态：

1）运行巡视及缺陷管理应等同主设备管理；

2) 检修维护工作应有明确分工和专人负责，检修项目与主设备检修项目协调配合。

（3）防误闭锁装置应有符合现场实际并经运维单位审批的"五防"规则。

（4）每年应定期对变电运维人员进行培训工作，使其熟练掌握防误装置，做到"四懂三会"（懂防误装置的原理、性能、结构和操作程序，会熟练操作、会处缺和会维护）。

（5）每年春季、秋季检修预试前，对防误装置进行普查，保证防误装置正常运行。

（6）微机防误系统软件应明确区分各类人员权限：操作人员具备正常操作权限；防误装置专责人具备"设备强制对位""修改防误闭锁逻辑"权限；维护人员具备"修改防误闭锁逻辑""修改电气接线图及设备编号"等权限。

（7）变电站监控系统在正常运行阶段不得解除防误校验功能。

（8）涉及防误逻辑闭锁软件的更新升级（修改），应经运维管理单位批准。升级应结合该间隔断路器停运开展，或做好遥控出口隔离措施，升级后应验证闭锁逻辑的正确性，并做好详细记录及备份。

第七章

二次设备常用技能

第一节　二次设备定值查看、切换、报告打印

以黄村变村曹 2397 线第一套线路保护为例，其采用的是国电南京自动化股份有限公司的 PSL603GA 型号的电流差动保护装置，现场二次设备定值查看、切换、报告打印检查步骤：在正常轮显界面上，对 ICa、ICb、ICc 差流值大小进行检查即可。通过点击【回车确认键】打开主菜单显示界面找到【定值】，继续点击【回车确认键】可找到【显示和打印】，即可切换定值区，打印定值报告等。具体流程图如图 7-1～图 7-4 所示。

以西陶变西祁 1587 线路保护为例，其采用的是 UDL-531 型号的线路保护装置，现场二次设备定值查看、切换、报告打印检查步骤：在其主界面液晶显示屏上点击【确认】按钮进入主菜单，通过上、下方向键选到【定值管理】，然后点击【确认】，即可找到【定值查看】、【定值区切换】，通过对应的【定值查看】，点击进去找到【设备参数定值】，点击后即可查看定值；通过对应的【区号切换】，点击即可切换定值区。在主菜单下拉选项中选择【打印报告】即可打印定值报告。具体流程图如图 7-5～图 7-11 所示。

图 7-1　正常轮显界面

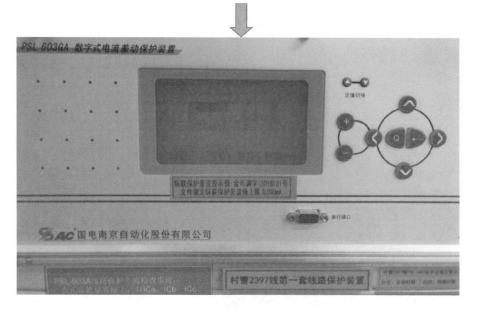

图 7-2　主菜单显示界面

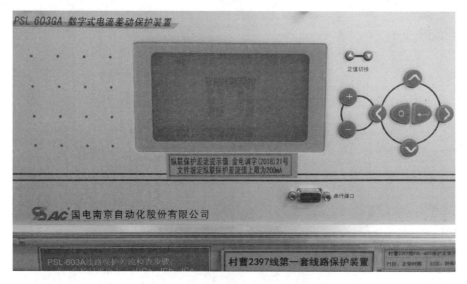

图 7-3　定值菜单界面

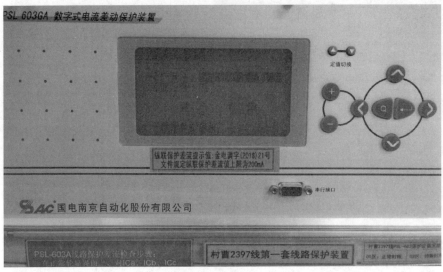

图 7-4 定值切换界面

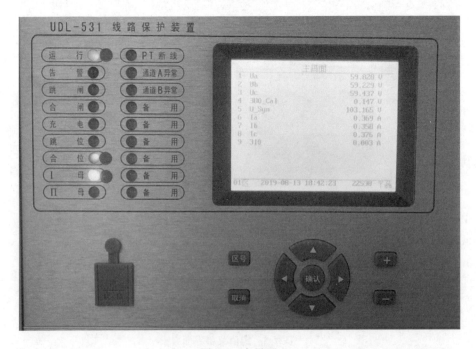

图 7-5 主界面

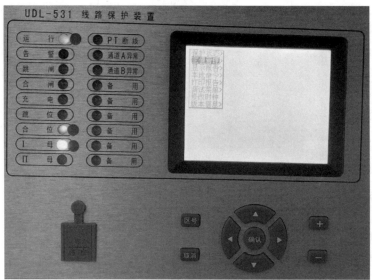

图 7-6 主菜单显示界面

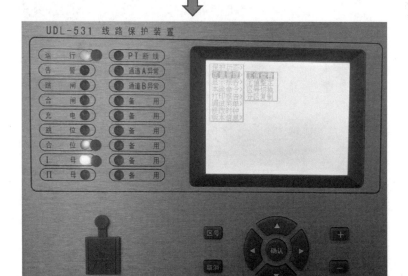

图 7-7 定值管理界面

图 7-8　定值查看界面

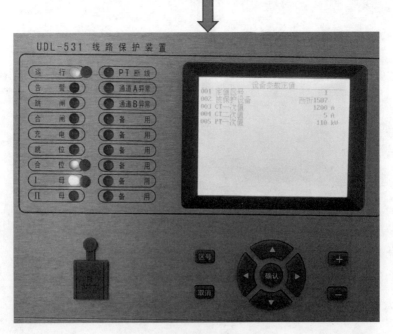

图 7-9　设备参数定值显示界面

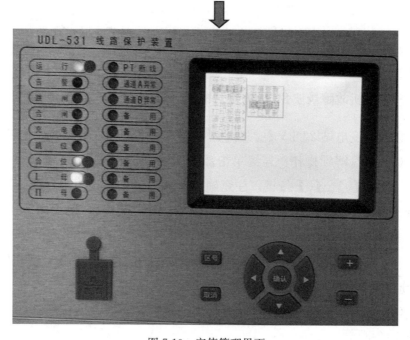

图 7-10　定值管理界面

图 7-11　定值区号切换界面

第二节　故障录波器故录报告查看、打印

一、微机故障录波 SH2000 型号故录装置

以黄村变电站 220kV 线路为例，其故录报告查看、打印步骤如下。

（1）键盘解锁操作：连续单击键盘上【Ctrl】、【Alt】、【S】、【H】、【2】、【0】、【0】、【0】按键，注意确定后六位输入相应的字母或数字，若【Numlk】键锁定灯亮，不能正确输入数字而不能解锁，请关闭［Numlk］键功能。

（2）调阅历史文件：主界面→【分析计算】→【波形分析】→【文件】→【打开】，查找所需文件，双击，出现波形。

（3）调阅当前动作文件：在主界面上根据时间找到动作的录波文件名称双击即可。

（4）打印报告：找到需要的故障波形后，在【波形分析】窗口中：单击【分析】→【故障分析报告】；或在波形上点右键→【故障分析报告】，弹出【故障分析报告】窗口，点击打印即可。

（5）打印波形：找到需要的故障波形后，点击打印机图标，选择相关线路，选择打印的时间区域，再按波形打印即可。

（6）操作演示：调阅当前动作文件并打印故障分析报告和录波波形：主界面右下方显示最近 20 个复合录波数据文件。可以直接从启动录波的时间和（或）启动原因中查找要分析的录波文件。双击选定的文件名，即可打开该文件，进入【波形分析】窗口，如图 7-12 所示。

双击录波文件名称，如图 7-13 所示。

在工具栏中选择【分析】→【故障分析报告】，出现该线路分析报告。或在波形上点右键→【故障分析报告】，弹出【故障分析报告窗口】，点击打印即可。故障分析报告窗口如图 7-14 所示。

点击故障分析报告窗口中打印按键即可打印故障分析报告。

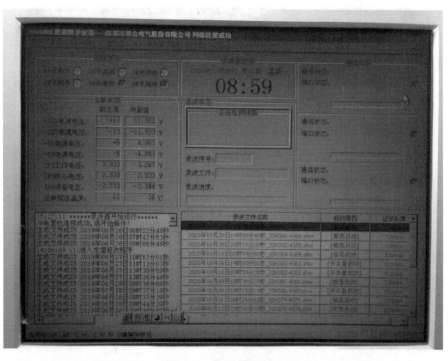

图 7-12 波形分析窗口

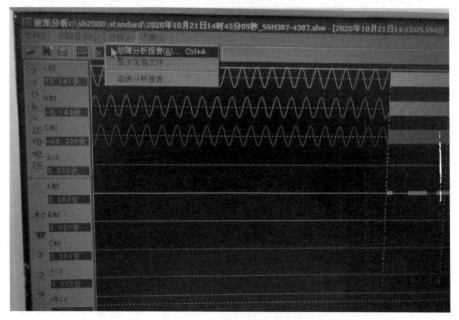

图 7-13 录波分析报告

图 7-14 故障分析报告窗口

打印波形：找到需要的录波文件，双击打开波形后，点打印机。录波文件如图 7-15 所示。

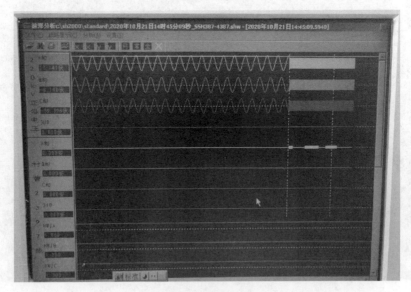

图 7-15 录波文件

勾选相关线路，选择打印的时间区域，再按波形打印即可，其打印窗口如图 7-16 所示。

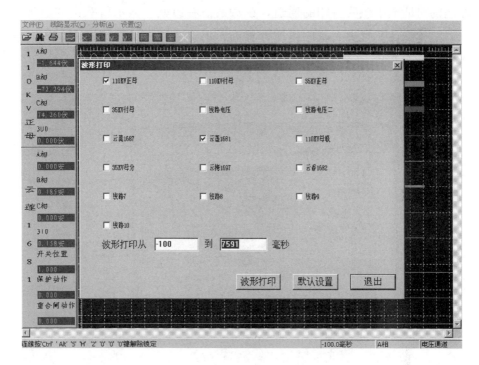

图 7-16 波形打印窗口

二、武汉中元华电 ZH-3C 型号微机故障录波装置

以西陶变电站 110kV 2 号故障录波器为例，其故录报告查看、打印步骤如下：

（1）故录报告查看：在界面上点击【列出最近的故障录波】，会弹出一个用户登录的对话框，输入账号：1，密码：1，按【回车】就可登录，然后就可以召唤出最近的录波，若想查看历史录波，则可以选择查看历史时间，再点击【按指定条件查询】，显示所查看日期的录波文件。在所列出的录波文件中，选中所查看的录波文件后，双击可自动进入波形曲线界面，或是选中想查看的录波文件，点击右键弹出对话框菜单，再点击左键【显示波形曲线】同样可以进入波形曲线界面。

（2）打印故录波形：进入波形界面后，若要打印图形，点击【文件】菜单下的【打印】会弹出一个对话框，再选择想要打印的录波通道，双击左边的对话框中想要打印的通道，在对话框右边就会显示所双击的通道名称，按【确认】后进入打印机属性界面，再点击【确认】后即可打印。其主界面如图 7-17 所示。

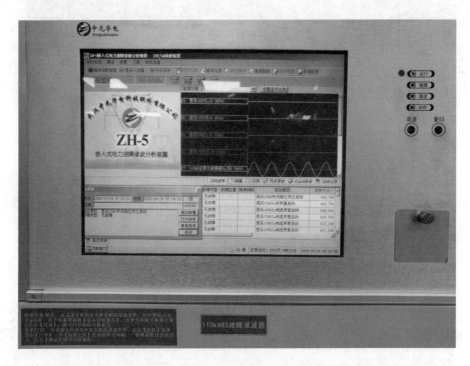

图 7-17　武汉中元华电 ZH-3C 型号微机故障录波装置主界面

第八章

辅 助 设 施

第一节　变电站智能巡检机器人

在智能电网和物联网高速发展的今天，变电站智能巡检机器人不仅仅用来代替人工完成变电站检测中遇到的急、难、险、重和重复性工作，它更需要融合电网设备状态检（监）测技术，整合变电站各类在线检（监）测数据，以大数据平台为基础，以物联网为纽带，关联 PMS 系统及其他异构数据，进而形成电网设备状态检修辅助决策系统。本节以杭州申昊科技股份有限公司生产的 SHIR-3000X 型变电站智能巡检机器人为例介绍相关内容。

一、机器人本体介绍

变电站智能巡检机器人主要由机器人电源开关、液晶显示屏、手动充电口、急停开关、内部空气开关组成，并配备的充电桩，如图 8-1 和图 8-2 所示。

图 8-1　机器人本体

图 8-2　机器人尾部

具体使用方法和作用如表 8-1 所示。

表 8-1　　　　　　　　　　机器人部件说明

序号	名称	使用方法	作用	备注
1	手动充电口	与充电桩的手动充电口相连	用于机器人完全无电时	无法一键返回充电
2	机器人电源开关	手动充电时应打开	机器人所有电源的总开关	关闭后无法充电

续表

序号	名称	使用方法	作用	备注
3	机器人内部空气开关	手动充电时应关闭	驱动电源和与后台相连电源	避免人员不在时，机器人电量达到工作所需电量后，机器人自动执行定期任务而破坏手充电线
4	机器人液晶显示	正常显示电压	辅助判别机器人电量	—
5	充电桩显示	正常显示电压及电流	辅助判别机器人是否正常充电	—
6	机器人急停开关	按下停止，旋转复归	机器人遇到异常需紧急停止时使用	充电时需将开关复归

二、基本功能

（1）自检功能：整机自检项目包含遥控遥测信号、电池模块、驱动模块和检测设备。以上任意部件（或模块）故障，均能在本地监控后台手柄、机器人本体上以明显的声（光）进行报警提示，并能上传故障信息。根据报警提示，能直接确定故障的部件（或模块）。

（2）最短路径选择功能：在接收到特巡任务时，机器人立即停止正在执行的巡检任务，自动寻找最短路径，以最短时间到达巡检点进行巡检。

（3）自主充电功能：机器人具备自主充电功能，电池电量不足时能够自动返回充电室，能够与充电室内充电设备配合完成自主充电。

（4）对讲与喊话功能：巡检系统具备双向语音传输功能。

（5）巡检方式设置功能：巡检系统包括自主巡检及人工遥控巡检两种功能，支持自主巡检与人工遥控巡检自由无缝切换，切换响应速度应小于0.1s，切换过程中，智能机器人巡检系统的巡检状态和巡检姿态不发生明显变化。

（6）智能报警功能：

1）机器人本体故障报警：电池电源、驱动模块、检测设备、遥控遥测信号。

2）热型缺陷或故障分析、三相设备温度温差分析、各类表计及油位计拍照读取识别，执行设备分合状态识别等各类状态自主分析判断，并报警。

三、基本巡检应用

（1）表计识别：机器人能够对有读数的表盘及油位标记进行数据读取，自动判断和数字识别，误差小于±5％。

（2）设备执行机构指示识别：机器人在到达预设巡检点时，能自动停止，并对执行机构进行拍照和摄像，判断分合状态。

（3）红外测温：对设备本体及接头的温度生成清晰的红外测温视频影像。红外影像可显示影像中温度最高点位置及温度值，并在本地监控后台及远程集控后台存储。

（4）拾音：机器人在巡检过程中，能对设备运行噪声进行采集、远传、分析。

四、编制巡检任务

进入主界面后，点击【系统导航】中的【自定义任务】，如图 8-3 所

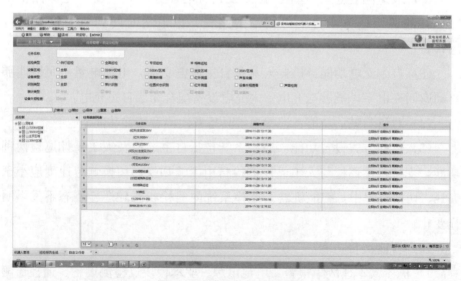

图 8-3　自定义任务界面展示

示。界面上半部分是新增任务时可供选择的【巡检类型】、【设备区域】、【设备类型】、【识别类型】、【表计类型】和【设备外观检查】等。中间部分是【查询】、【增加】、【保存】、【重置】、【删除】等功能按钮，【增加】用于新增任务，【保存】用于保存新增任务，【删除】用于删除已编制的任务。左半部分是另一种选择设备点位的方法；右半部分是任务编制列表，用于显示编制过的任务。

在任务编辑控件中点击【增加】按钮，按照要求输入任务名称，根据巡检不同类型，在左侧的设备树中勾选需要巡检的设备点位或者在上部的界面直接选择要巡检的区域，点击【保存】按钮完成新建任务，同时显示与任务列表中。

五、下发巡检任务

在任务类型列表中提供了巡检任务的三种下发方式，分别为立即执行、定期执行、周期执行。立即执行一般用于不方便直接去现场，同时又需要短时间内了解现场设备时的情况。定期执行一般用于节假日等固定日期的特殊巡视工作。周期执行一般用于定期巡视、红外测温等固定周期的工作。

根据工作需要，通过巡检任务的不同下发方式可在巡检日历中编制巡检计划。如图 8-4 所示，点击【定期执行】，在提示对话框中设定时间和优先级，点击【确定】，后台即开始向机器人发送已选中的巡检任务。此时客户端开始规划巡检路径，计算巡检预计时间和巡检总里程。若任务发送成功，客户端自动跳转到实时监控界面，提示预计巡检时间和总里程，监控地图中显示出巡检路径以及相关巡检点。

六、巡检数据查询

巡检数据的查询可以通过报表查询和设备查询两种模式。

（1）报表查询。

报表查询模式与巡检任务紧密相关，通过巡检任务信息进一步查询到与该任务相关的所有设备的详细巡检信息。巡检报表的查询与下载方法：

点击系统导航→巡检报告分析→生成报表→选择所需要查看的任务名称→点击查看分类报告→点击下载该任务名称的总表文件（也可选择所需要的分类报表），如图 8-5 所示。

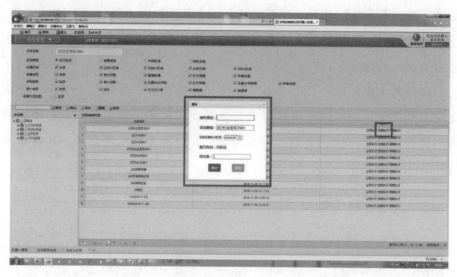

图 8-4　下发巡检任务

图 8-5　报表查询

（2）设备查询。

设备查询与报表查询的区别在于查询的入口不同，设备查询从设备的角度出发，跟具体某次巡检任务无关，设备查询的操作步骤：点击系统导航→巡检结果确认→设备相关浏览→勾选设备树中设备的巡视点位→点击查询标签→点击设备查询标签→进入设备查询界面，如图 8-6 所示。

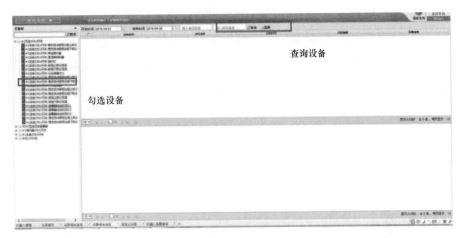

图 8-6　设备查询

　　点击列表中的设备，页面右侧显示设备详细信息，也包括该设备的历史信息，如图 8-7 所示。

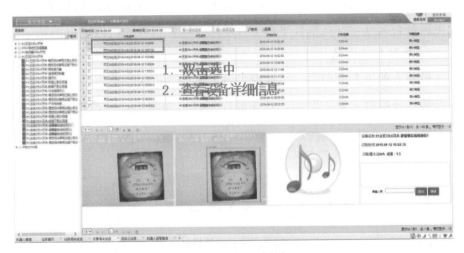

图 8-7　设备巡检数据

七、异常处理

1. 机器人拒绝执行任务

下达执行任务后，机器人在充电房无反应，可按如下方法进行操作：

（1）先查看软件上有无报异常，检查机器人电量是否超过 20%。

（2）再到机器人房查看充电房门禁是否正常，门是否开启。

（3）检查机器人是否停在 0 点坐标上。

（4）检查机器人指示灯是否常绿状态，如有黄灯闪烁，重启机器人。

（5）无法处理时，在辅控平台上报缺陷，联系机器人厂家进行消缺。

2. 机器人场地滞留场地

发现机器人在场地滞留，可按如下方法进行操作：

（1）检查前方无障碍物，盖板是否掀起。

（2）检查周边环境是否有大的改变，比如堆放大型设备、停放有施工车辆等。

（3）上述条件均已排除，可先在机器人控制主机上停止正在执行的任务，点击【一键充电】，机器人正常返回充电后，确保电量足够，再执行相应任务。

（4）若机器人仍无反应，可通过遥控器将机器人或手动将机器人推回充电房进行充电，并在辅控平台上报缺陷，联系机器人厂家进行消缺。

3. 机器人多次偏航

机器人如果多次偏航，需检查机器人巡检通道两旁草木是否长势过高，以及周边环境有无较大变动；并在辅控平台上报缺陷，联系机器人厂家进行消缺。

4. 机器人尾灯报警释义

机器人正常工作时尾灯为绿灯常亮，当出现异常时，尾灯会通过黄绿灯组合，报出相应告警信号，尾灯报警释义如表 8-2 所示。

表 8-2　　　　　　　　　　机器人尾灯报警释义

序号	功能	报警灯
1	正常	绿灯常亮
2	节点异常报警	2 黄 1 绿
3	直流电机报警	3 黄 1 绿
4	堵转报警	4 黄 1 绿

续表

序号	功能	报警灯
5	转 90°报警	5 黄 1 绿
6	超声波停障报警	6 黄 1 绿
7	转向电机报警	2 黄 2 绿
8	光电编码器异常提示	3 黄 3 绿
9	工控机通信异常报警	4 黄 2 绿
10	急停报警	5 黄 2 绿
11	探测到沟报警	6 黄 2 绿
12	超声波故障报警	7 黄 1 绿
13	激光异常报警	7 黄 2 绿
14	云台异常报警	8 黄 1 绿

第二节　电子防盗系统

一、电子围栏

本节以国家电网 GAD-IIS 型防盗系统为例，该系统主要由安装于围墙上前端部分（即围栏）和装于室外的两台主机组成，工作时由主机产生的脉冲高压作用于前端围栏上，使围栏带 5kV 高压，因而具有强大的阻挡及威慑作用。

该系统通过合上主机一电源开关、主机二电源开关、红外电源开关、主控电源开关投入运行。若需退出则按相反步骤执行。由于主机进入正常工作需 2s 左右，开机时应先投入主机，待主机工作正常后再合上主控制器电源，以避免不必要的误动作。若需试验该系统是否正常工作，可用专用工具短接导线，看是否能发出报警；或者当在大门有物体通过时，看是否能发出报警。

当系统报警时，值班员应认真检查防区内情况，若系统误报，则将装置电源拉开，再重新合上。若仍不能消除，则填缺陷处理。为避免外界偶

137

然因素引起的误报，系统设有 4s 的报警延时。报警分两种情况：第一种是剪断导线，此时探测器在连续 4 次未探测到脉冲信号时，会及时报警。第二种是强行压下导线，导致相邻导线短路或接地时，系统也将及时发出报警。为防止误报，应经常检查前端有无树枝等异物缠绕，及时修剪可能影响正常运行的树枝等。也可用专用工具进行测试系统报警情况是否正常，试验次数每季一次（试验具体时间可以按实际情况自定），必须使用电子围栏试验工具进行试验，并做好记录。

电子围栏进行维护工作时，应将电子围栏工作电源并闭再开始工作。任何人不得在电子围栏主机或其他相关的主机上任意更改本系统有关设置，随意停用电子围栏系统。

二、围墙移动定位显示系统

本节以嘉兴聚创电子集成系统有限公司生产的型号为 TWS-2000 的围墙移动定位显示系统为例，该系统主要由四部分组成：装于围墙四周的振动传感器、信号发射器、电源和主机。其共设 12 个防区，防区内通过振动传感器和信号发射器将振动传到主机驱动主机使警笛报警。

该系统的主机界面如图 8-8 所示，合上电源后，按下主机【ON】键，主机电源指示灯亮，显示屏显示"127"，系统扫描指示灯闪烁，数秒后显示屏显示"000"，则系统运行正常。按下布防键后，布防指示灯长亮，表示布防完成，系统可正常工作。若按下撤防键，则布防指示灯熄灭，表示撤防完成，该系统不起作用。若发现报警指示灯长亮，显示屏显示防区号，警号启动，说明该区

图 8-8　围墙移动定位显示系统

域构成报警条件，需巡视该防区。若警笛指示灯亮，显示屏显示防区号，数秒后，自动复位。说明某区域有动作条件，但不构成长期报警条件（如有杂物碰撞墙壁或有物体无意碰撞墙壁）。

三、注意事项

（1）定期对整个系统进行巡视，如发现传感器位置有杂物或树枝，碰撞传感器的，请及时清理。

（2）使用过程中，要注意保护好线路，如被恶意破坏后，请及时与安装厂商联系。

（3）如出现报警后，不能复位、不能布防、不能撤防，或切断电源重启后仍不能正常运行的，请及时与安装厂商联系。

第三节 变电站消防系统

一、火灾自动报警系统

火灾自动报警系统包括火灾报警控制器（联动型）、点型感烟火灾探测器、线型感温火灾探测器（下称感温电缆）、消防模块、手报按钮等设备。火灾自动报警系统总体采用树形总线制拓扑结构，点型感烟火灾探测器、感温电缆、手报按钮通过控制总线直接连入系统，并具备唯一地址编码，用于火灾报警点位的识别与确认；消防模块负责传递火灾报警控制器的控制信息，通过自身节点的开断，实现系统的自动控制。本书主要介绍西门子楼宇科技公司生产的 FC720W 火灾报警控制器，该火灾报警控制器由一个主机 FC720W 和 N 个主变压器消防灭火控制器 XC720 组成。XC720 专门对重点保护区（如主变压器）灭火设备的控制及现场区域监视和辅助报警单元的启动而设置的。

1. FC720W 装置显示及操作

图 8-9 中，1 区是液晶屏，2 区是打印机，3 区是键盘，4 区是指示灯及操作键，5 区是联动盘。平时用户只可在主机上查看报警信息，如需进行屏蔽、手/自切换、消音、复位等操作按上述功能键，输入密码 4321，按 OK 键使用户进入三级状态，便可进行上述操作。

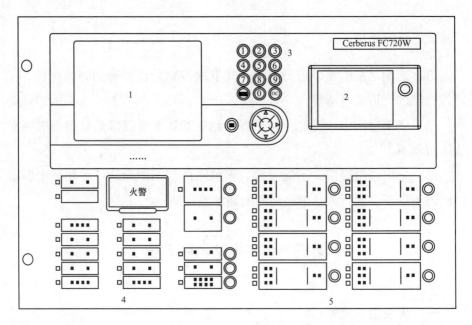

图 8-9　FC720W 装置

（1）屏蔽：在三级状态下按菜单键→上下键选择所需屏蔽的类型（如火警、故障等）→按 OK 键→上下键选择所需屏蔽的点号→按方向右键→上下键选择屏蔽→按 OK 键。

（2）取消屏蔽：在三级状态下按菜单键→上下键选择屏蔽栏→按 OK 键→上下键选择所需释放屏蔽的点号→按方向右键→上下键选择开放→按 OK 键。

（3）消音及复位：在三级状态下直接按下即可。

（4）手/自切换：在三级状态下→按所需切换的手自动键（手动按手动，自动按自动）→根据主机屏幕显示按数字 1 键→按 OK 键。

2. 火警现象与处理

火警现象：当火灾发生时，报警器火警指示灯亮，确认/消音指示灯闪，声光控制指示灯亮，声光报警器启动，液晶显示如图 8-10 所示。

火警处理流程：

（1）按【确认/消音】键将蜂鸣器消音。如果系统弹出登录界面，输入密码 1234 后，按［OK］键，再按［确认/消音］键。

火警和启动 2009-02-01 18:08:08
首警 自动火警 2008-08-08 10:10:10
1号楼1001室 / 01.005.001
0002 自动火警 2008-08-08 10:10:11
1号楼1008室 / 01.005.008
0001 启动 2008-08-08 10:10:11
输出1 / 01.005.008

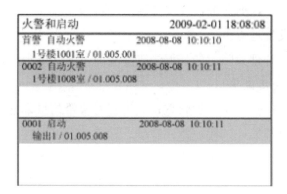

图 8-10 火警显示

（2）找出火警发生地点。

（3）到现场处理火情。如果火情紧急，立即打电话报警；如果火情可控，处理完后，按【复位】键，如果系统弹出登录界面，输入密码 1234 后，按【OK】键，再按【复位】键。

3. 消防报警现象与故障处理

故障现象：故障指示灯亮→确认/消音指示灯亮→蜂鸣器响，液晶显示如图 8-11 所示。

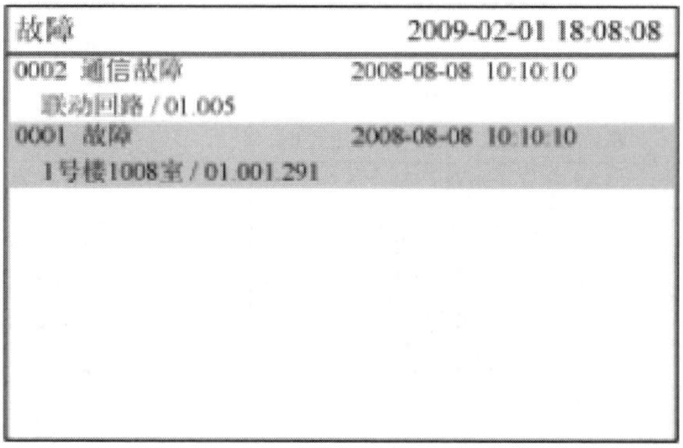

故障 2009-02-01 18:08:08
0002 通信故障 2008-08-08 10:10:10
联动回路 / 01.005
0001 故障 2008-08-08 10:10:10
1号楼1008室 / 01.001.291

图 8-11 故障显示

故障处理流程：

（1）按【确认/消音】键将蜂鸣器消音。如果系统弹出登录界面，输入密码1234后，按【OK】键，再按【确认/消音】键。

（2）查看发生地点。

（3）到现场处理故障。如果无法排除故障，通知维护人员。

4. XC720 使用说明

该主机平时用户处于一级状态，只可查看报警信息，如需进行手/自切换、消音、复位等操作，按上述任意键，输入密码4321，按确认键使用户进入三级状态便可进行上述操作。

（1）消音及复位：在三级状态下直接按下即可。

（2）手/自切换：在三级状态下→按【手/自动状态】键→按【确认】键（则原来手动改为自动，原来自动改为手动）。

（3）紧急启动和停止按钮不受手/自动状态控制，按下后输入密码4321，再按【确认】键即可（注：停止按钮在启动按钮操作生效后30s内操作才能有效）。

XC720型装置面板指示灯和操作键如表8-3和表8-4所示。表8-4中操作键只允许2级或3级使用者操作。

表8-3　　　　　　　　　　　面板指示灯说明

指示灯类型	指示灯亮条件	指示灯灭条件
火警	火警发生时	火警消除后，按下【复位】键
故障	故障发生时	故障解除后
系统故障	系统硬件或软件不能正常工作时	—
主电	主电供电时	主电不供电时
备电	备用电池供电时	备用电池不供电时
监管	有监管信号时	监管信号消失后，按下【复位】键
屏蔽	有设备屏蔽时	没有设备屏蔽时
启动	有设备启动时	启动信号消失后，按下【复位】键
反馈	控制器接收到反馈信号时	反馈信号消失时
测试	有设备处于测试状态时	没有设备处于测试状态时
火警声光报警	声光控制线路故障时	声光控制线路故障消失时
火警声光屏蔽	声光线路被屏蔽时	声光线路开放后
灭火区首警	气体灭火控制器接收到首警信号时	系统复位后

续表

指示灯类型	指示灯亮条件	指示灯灭条件
首警输出	回路处于启动状态时	回路处于非启动状态时
灭火区启动	气体灭火控制器接收到启动信号时	未接收到启动信号时
灭火输出	灭火输出处于启动状态时	未启动
启动喷洒	电磁阀输出回路处于启动状态时	未启动
喷洒反馈	气体灭火控制器喷洒反馈输及回路接收到压力开关反馈信号时	未接收到压力开关反馈信号时
喷洒警告	回路处于启动状态时	未启动

表 8-4 操 作 键 说 明

按键	功能
自动状态	全部联动设备只能进行自动联动
手动状态	全部联动设备由控制器依据逻辑关系进行自动联动
消音	本机所有类型的声音消失（备电欠压时除外）
复位	使系统恢复至正常状态

二、变压器 SP 泡沫灭火系统

220kV 变电站的变压器的灭火系统主要采用的是"SP"合成型泡沫喷淋灭火系统。本书以型号为 SPM-3000 型"SP"合成型泡沫喷淋灭火装置为例介绍。

该灭火系统采用"ST"速灭合成型阻燃剂作为灭火药剂，在一定的压力下，通过专用喷头，将其喷射到灭火对象上，可迅速扑灭火灾。该灭火系统吸取了水雾灭火和泡沫灭火的特点，借助泡沫的冷却、窒息、乳化、隔离等综合作用，实现迅速灭火的目的。为了及时发现火情，缩短变压器发生火灾后消防设备的起动时间，变压器设置感温火灾探测报警装置。"SP"合成型泡沫喷淋灭火系统起动方式采用自动报警联动或人工确认后手动灭火，报警控制盘设在传达室内。

1. "SP"合成泡沫喷淋灭火系统的主要参数

（1）氧气动力源钢瓶最大储存压力：15MPa。

（2）启动瓶工作压力：4～6MPa。

（3）工作压力：0.2～0.35MPa。

（4）保护对象的设计喷雾强度 W：0.8～4L/（min·m^2）。

（5）有效供液时间 t：大于等于 10min。

（6）灭火系统启动时间：20s。

2. 变压器 SP 泡沫灭火系统操作方法

"SP"合成型泡沫喷雾灭火系统在有电时可在警卫室消防控制箱内操作进行灭火操作：先确认几号主变压器火灾，如 1 号主变压器火灾，先拔除启动阀上、下保险，按装置上启动阀按键并在主机上按【确认】键确认，再按下相应 1 号主变压器电磁阀按钮即可对主变压器进行操作。灭火结束，按主机上【复位】键复位，手动摇回对应电磁阀至 CLOSE 位置。如启动阀压力不足，需灭火时，可拔除氮气瓶上保险逐个开启，直接将气体打入罐内，使用专用摇把打开相对应主变压器的电磁控制阀门（逆时针从"0"方向摇至"OPEN"位置），从而启动灭火系统。

"SP"合成型泡沫喷雾灭火系统在失去电源或控制装置失灵等情况下，无法通过消防报警装置联动控制启动本灭火系统时，按以下步骤操作：

（1）运行人员在主变压器"SP"泡沫室内手动拔掉启动源氮气瓶电磁阀上、下的保险卡环，如图 8-12 所示。

图 8-12　保险卡环

（2）敲打开启动力源氮气瓶电磁阀头上的启动按钮，如图 8-13 所示，以启动氮气动力源。

图 8-13　电磁阀启动按钮

（3）待"SP"储液罐工作压力达到 0.5～0.65MPa 时（约 30s），使用如图 8-14 所示的专用摇把打开相对应主变压器的电磁控制阀（逆时针从"0"方向摇至"OPEN"位置），从而启动灭火系统。结束后关闭电磁控制阀，上报消防专职联系厂家更换启动阀及储液罐溶液。

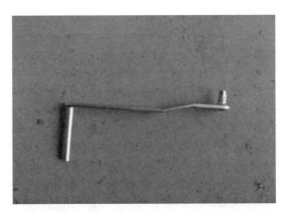

图 8-14　专用摇把

3.主变压器消防设备断路器联锁装置

为确保主变压器消防设备动作的及时性和可靠性，提高主变压器火灾的灭火效果，降低对主变压器等其他电气设备的危害，对主变压器消防设备进行改造，采用主变压器高、中压两侧断路器位置接点串联、引入变电站内直流强电回路等措施，作为主变压器消防设备动作灭火后的电气闭锁条件，确保消防报警装置由手动改为自动后的可靠动作。当主变压器有火警和主变压器断路器跳闸（主变压器 220kV、110kV 断路器跳闸）时，装置动作执行主变压器灭火。箱体面板布置如图 8-15 所示。

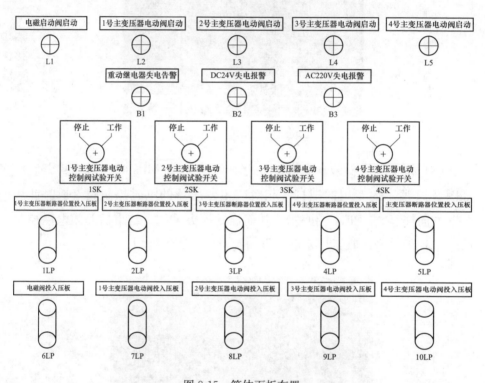

图 8-15　箱体面板布置

（1）指示灯说明（见表 8-5）。

（2）转换开关。正常运行时各主变压器电动控制阀试验开关 1SK～4SK 在停用位置，不得切至工作位置（切至工作位置将短接主变压器 220kV、110kV 断路器位置，供检修试验用）。正常运行时主变压器断路器位置投入总压板 5LP 和电磁阀投入压板 6LP 不得取下。例如，1SK 指的是 1 号主变压器电动控制阀试验开关，当主变压器高、中压测辅助接点未全部接入时，该开关打至工作位置，1号主变压器开关位置继电器启动，该开关打至停止位置，1号主变压器开关位置继电器关闭。

表 8-5　　　　　　　　　　　指 示 灯 说 明

指示灯	释义	亮灯条件
L1	电磁启动阀启动指示灯	启动时亮绿灯
L2	1号主变压器电动控制阀模块启动指示灯	启动时亮绿灯
L3	2号主变压器电动控制阀模块启动指示灯	启动时亮绿灯
L4	3号主变压器电动控制阀模块启动指示灯	启动时亮绿灯
L5	4号主变压器电动控制阀模块启动指示灯	启动时亮绿灯
H1	重动继电器失电告警指示灯	直流电源故障或直流电源监测继电器故障时亮红灯
H2	DC 24V 失电报警指示灯	两开关电源都故障或 DC 24V 监测继电器故障时亮红灯
H3	AC 220V 失电报警指示灯	交流 220V 电源故障或交流电源监测继电器故障时亮红灯

（3）压板。

主变压器改检修时，在拉开 220kV 主变压器断路器前，应将相应主变压器断路器位置投入压板和相应主变压器电动阀投入压板取下，主变压器 220kV 断路器合上时，主变压器充电后，再将两压板放上。1号主变压器停役取下1号主变压器断路器位置投入压板 1LP 和1号主变压器电动阀投入压板 7LP，2号主变压器停役取下2号主变压器断路器位置投入压板 2LP 和2号主变压器电动阀投入压板 8LP。表 8-6 中是压板对应的说明。

表 8-6　　　　　　　　　　　压 板 说 明

压板编号	释义	作用
1LP～4LP	1～4号主变压器断路器位置投入压板	通断 1～4 号主变压器断路器位置主回路
5LP	主变压器断路器位置投入总压板	通断主变压器断路器位置主回路
6LP	电磁阀投入压板	通断主变压器电动控制阀
7LP～10LP	1～4号主变压器电动阀投入压板	通断 1～4 号主变压器电动控制阀

（4）遥信。

1）重动回路失电告警：当出现直流电源故障或直流电源监测继电器故

障时，发出重动回路失电告警。此时应检查装置内 QF3 开关是否跳开，直流分屏上主变压器消防设备断路器联锁装置直流电源开关是否跳开。若已经跳开，可试合上一次，无法合上应上报紧急缺陷，并将消防报警装置工作方式切至手动位置。

2）AC 220V 失电告警：当出现交流 220V 电源故障或交流电源监测继电器故障时，发出"AC 220V 失电告警"。此时，应检查装置内 QF1 是否跳开，所用电馈线屏上主变压器消防设备断路器联锁装置交流电源开关是否跳开。此时不影响系统的正常工作。但应上报缺陷及时处理。

3）"DC 24V 失电告警"时应检查装置内 QF1、QF2 开关是否跳开，可试合上一次，无法合上应上报紧急缺陷，并将消防报警装置工作方式切至手动位置。DC 24V 电源主要用于启动电磁阀和装置上相关信号灯的工作电源，直流 110V 主要用于主变压器电动控制阀的工作电源。

第四节　电缆层超细干粉灭火系统

超细干粉是特别细的粉体，其平均粒径 $10\mu m$ 左右。粉体无定性的化学式及其他特性。而由超细干粉制成的超细干粉灭火剂，粒径小，流动性好，有良好抗复燃性、弥散性和电绝缘性，无论在物理和化学层面，都具有良好的灭火性能。因此既能应用于相对封闭空间全淹没灭火，也可用于开放场所局部保护灭火。

超细干粉自动灭火装置包括悬挂式灭火装置、柜式灭火装置、管网灭火系统、车用灭火装置、森林灭火装置、超细干粉微型自动灭火装置等系列产品。变电站电缆层主要采用超细干粉微型自动灭火装置，该类灭火装置分为氮气驱动和燃气驱动两种，适用于较小的空间内扑救 ABC 类火灾和带电设备火灾。其特点是体积小，安装简便，灭火速度快。

一、超细干粉动作原理

（1）电缆层超细干粉灭火系统工作原理：当发生火灾时，相应分区内的超细干粉装置将动作，超细干粉将悬浮在空中，达到淹没效果，从而达到灭火的目的。

（2）超细干粉灭火系统有两种启动方式：

1）温度大于68℃时，喷头温度感应启动；

2）热敏线点燃启动温度大于170℃时，热敏线启动。

二、运行注意事项

定期对超细干粉灭火系统进行检查，检查压力是否正常，检查超细干粉自动灭火装置支、吊架的安装固定情况，应无松动，装置上的喷头孔口，应无堵塞。电缆层内动火必须注意安全，执行相关动火规定，防止热敏线点燃而被误启动。